大数据与人工智能应用探究

孙立雷　王　磊　高　峻◎著

中国建材工业出版社
北　京

图书在版编目（CIP）数据

大数据与人工智能应用探究/孙立雷，王磊，高峻著.--北京：中国建材工业出版社，2024.12
ISBN 978-7-5160-4103-1

Ⅰ.①大… Ⅱ.①孙… ②王… ③高… Ⅲ.①数据处理—研究②人工智能—研究 Ⅳ.①TP274②TP18

中国国家版本馆CIP数据核字(2024)第061757号

内 容 简 介

大数据与人工智能（AI）是两个密切相关且相互促进的领域，它们在不同领域和行业中都有广泛的应用。基于此，本书从大数据的内涵与影响、大数据平台能力与架构、大数据Hadoop及其应用领域不同方面切入，首先探究大数据处理与技术、大数据技术的实际应用；其次论述人工智能及其未来发展、人工智能技术与系统开发、人工智能在不同领域中的应用；最后对大数据与人工智能的实践应用进行全面分析。本书注重结构的明晰性、内容的新颖性以及知识的实用性，不仅仅是一本技术性书籍，更是一个关于如何应对数字时代挑战的实用指南。

大数据与人工智能应用探究
DASHUJU YU RENGONG ZHINENG YINGYONG TANJIU
孙立雷　王　磊　高　峻　著

出版发行：中国建材工业出版社
地　　址：北京市西城区白纸坊东街2号院6号楼
邮政编码：100054
经　　销：全国各地新华书店
印　　刷：北京四海锦诚印刷技术有限公司
开　　本：787mm×1092mm　1/16
印　　张：8.5
字　　数：160千字
版　　次：2025年3月第1版
印　　次：2025年3月第1次
定　　价：88.00元

本社网址：www.jskjcbs.com，微信公众号：zgjskjcbs

前　言

在当今数字化时代，信息已成为社会和商业运作的核心。互联网、移动设备、传感技术和物联网的普及，引发了大规模数据的爆发式增长。这些数据源源不断地生成，包括文本、图像、音频、传感器数据等。同时，人们越来越意识到，这些数据蕴含着巨大的价值。大数据与人工智能的应用根植于数字化时代的多重趋势，可以改善商业和社会运作的方式，更好地满足不断增长的信息需求。这两个领域的融合正在推动创新，推动经济增长，并解决一系列重大问题。

基于此，本书以“大数据与人工智能应用探究”为题，首先，讨论了大数据的相关内容，包括大数据的内涵与影响、大数据平台能力与架构、大数据 Hadoop 及其应用领域；其次，从大数据处理与技术研究的角度切入，探讨了大数据处理——Map Reduce、大数据挖掘与可视化技术、大数据数据库技术；再次，探究了大数据技术在互联网领域、生物医学领域、企业财务管理中的实际应用；随后，探讨了人工智能及其未来发展，并探究了人工智能在医疗领域、教育领域与视觉艺术领域的应用；最后，分析了大数据与人工智能在房地产行业、数字营销以及校园管理中的实践应用。

本书注重各章节之间的逻辑性和连贯性，确保了内容的完整性和系统性，使读者能够更容易地掌握这一复杂领域的知识，同时，注重将理论与实践的结合。因此，本书内容精练、实践性强，读者不仅能够在学习过程中获得理论知识，也能够了解大数据与人工智能的实践应用，提高解决问题的能力。

本书在写作的过程中得到许多专家学者的指导和帮助，在此表示诚挚的谢意。书中内容难免有疏漏之处，希望读者和专家批评指正，以待进一步修改完善。

作　者

2024 年 5 月

目 录

第一章 大数据概论

第一节 大数据的内涵与影响

一、大数据的内涵阐释

（一）大数据的特性

大数据呈现出以下多种鲜明的特性：

第一，在数据量方面。当前全球所拥有的数据总量已经远远超过历史上的任何时期，更为重要的是，数据量的发展速度呈现出倍增趋势，并且每个应用所计算的数据量也大幅增加。

第二，在数据速率方面。数据的产生、传播的速度更快，在不同时空中流转，呈现出鲜明的流式特征，更为重要的是，数据价值的有效时间急剧缩短，也要求越来越高的数据计算和使用能力。

第三，在数据复杂性方面。数据种类繁多，数据在编码方式、存储格式、应用特征等多个方面也存在多层次、多方面的差异性，结构化、半结构化、非结构化数据并存，并且半结构化、非结构化数据所占的比例不断增加。

第四，在数据价值方面。数据规模增大到一定程度之后，隐含于数据中的知识的价值也随之增大，并将更多地推动社会的发展和科技的进步。此外，大数据往往还呈现出个性化、不完备化、价值稀疏、交叉复用等特征。

大数据蕴含大信息，大信息提炼大知识，大知识将在更高的层面、更广的视角、更大的范围帮助用户提高洞察力，提升决策力，将为人类社会创造前所未有的重大价值。但与此同时，这些总量极大的价值往往隐藏在大数据中，表现出价值密度极低、分布极其不规律、信息隐藏程度极深、发现有用的价值极其困难的鲜明特征。这些特征必然为大数据的计算环节带来前所未有的挑战，同时也带来不可多得的机遇，要求大数据计算系统具备高性能、实时性、分布式、易用性、可扩展性等特征。

可以将云计算看作对过去传统 IT 架构的颠覆，当然，云计算也仅仅是硬件层面对行业的改造，而大数据的分析应用却是对行业中业务层面的升级。大数据将改变企业之间的竞争模式，未来的企业将都是数据化生存的企业，企业之间竞争的焦点将从资本、技术、商业模式的竞争转向对大数据的争夺，这将体现为一个企业拥有的数据的规模、数据的多样性以及基于数据构建全新的产品和商业模式的能力。目前来看，越来越多的传统企业看到了云计算和大数据的价值，从传统的 IT 积极向 DT① 时代转型是当前一段时间的主流，简单地解决云化的问题，并不能给其带来更多价值。

（二）数据交易分析

在未来，数据将成为商业竞争最重要的资源，谁能更好地使用大数据，谁就将领导下一代的商业潮流。所谓：无数据，不智能；无智能，不商业。下一代的商业模式就是基于数据智能的全新模式，虽然才开始萌芽，才有几个有限的案例，但是其巨大的潜力已经被人们认识到。简单而言，大数据需要有大量能互相连接的数据（无论是自己的，还是购买、交换别人的），它们在一个大数据计算平台（或者能互通的各个数据节点）上，有相同的数据标准，能正确地关联（如 ETL、数据标准），通过大数据相关处理技术（如算法、引擎、机器学习），形成自动化、智能化的大数据产品或者业务，进而形成大数据采集、反馈的闭环，自动智能地指导人类的活动、工业制造、社会发展等。但是，数据交易并没有这么简单，因为数据交易涉及以下问题：

第一，保护用户隐私信息问题。欧洲联盟（以下简称“欧盟”）目前已经出台了苛刻的数据保护条例，还处在萌芽状态的中国大数据行业，如何确保用户的隐私信息不被泄露，是需要正视的重要问题，对于一些非隐私信息，比如地理数据、气象数据、地图数据进行开放、交易、分析是非常有价值的，但是一旦涉及用户的隐私数据，特别是单个人的隐私数据，就会涉及道德与法律的风险。数据交易之前的脱敏或许是一种解决办法，但是并不能完全解决这个问题，因此一些厂商提出了另一种解决思路，基于平台担保的“可用不可见”技术。例如，双方的数据上传到大数据交易平台，双方可以使用对方的数据以获得特定的结果，比如通过上传一些算法、模型而获得结果，双方都不能看到对方的任何详细数据。

第二，数据的所有者问题。数据作为一种生产资料，与农业时期的土地、工业时期的

---

① DT 是数据处理技术（Data Technology）的英文缩写，它是以服务大众、激发生产力为主的技术。

资本不一样，数据使用之后并不会消失。例如，数据的购买者，是否可以作为这个数据的所有者？如何确保数据的购买者不会再次售卖这些数据？购买者加工了这些数据之后，加工之后的数据所有者是谁？

第三，数据使用的合法性问题。在大数据营销中，目前用得最多的就是精准营销。在数据交易中，最值钱的也是个人数据。人们日常分析做的客户画像，目的就是给海量客户分群、打标签，然后有针对性地开展定向营销和服务。然而，如果利用用户的个人信息（比如年龄、性别、职业等）进行营销，必须事先征得用户的同意，才能向用户发送广告信息。

所以，数据的交易与关联使用必须解决数据标准、立法以及监管的问题，在未来，不排除有专门的法律，甚至专业的监管机构，如各地成立大数据管理局来监管数据的交易与使用问题。如果每个企业都只有自身的数据，即使消除了企业内部的信息孤岛，还有企业外部的信息孤岛。

（三）数据渠道来源

在下一代的革命中，无论是“工业 4.0”还是物联网（甚至是一个全新的协议与标准），随着数据科学与云计算能力（甚至是基于区块链的分布式计算技术）的发展，唯独数据是所有系统的核心。万物互联、万物数据化之后，基于数据的个性化、智能化将是一次全新的革命，将超越 100 多年前开始的自动化生产线的“工业 3.0”，给人类社会整体的生产力提升带来一次根本性的突破，实现从“0 到 1”的巨大变化。正是在这个意义上，这是一场商业模式的范式革命。商业的未来、知识的未来、文明的未来，本质上就是人的未来。而基于数据智能的智能商业，就是未来的起点。大数据的第一要务就是需要有数据。

关于数据来源，人们普遍认为互联网及物联网是产生并承载大数据的基地。互联网企业是天生的大数据企业，在搜索、社交、媒体、交易等各自的核心业务领域，积累并持续产生海量数据。能够上网的智能手机和平板电脑越来越普遍，这些移动设备上的应用（App）都能够追踪和沟通无数事件，从 App 内的交易数据（如搜索产品的记录事件）到个人信息资料或状态报告事件（如地点变更，即报告一个新的地理编码）。非结构化数据广泛存在于电子邮件、文档、图片、音频、视频以及通过博客、维基百科，尤其是社交媒体产生的数据流中。这些数据为使用文本分析功能进行分析提供了丰富的数据源泉，还包括电子商务购物数据、交易行为数据、Web 服务器记录的网页点击流数据日志。

物联网设备每时每刻都在采集数据，设备数量和数据量都在与日俱增，包括功能设备创建或生成的数据，例如智能电表、智能温度控制器、工厂机器和连接互联网的家用电器。这些设备可以配置为与互联网络中的其他节点通信，还可以自动向中央服务器传输数据，这样就可以对数据进行分析。机器和传感器数据是物联网产生的主要数据类型的典型例子。

这两类数据资源作为大数据重要组成部分，正在不断产生各类应用。比如，来自物联网的数据可以用于构建分析模型，实现连续监测（如当传感器值表示有问题时进行识别）和预测（如警示技术人员在真正出问题之前检查设备）。国外出现了这类数据资源应用的不少经典案例。还有一些企业，在业务中也积累了许多数据，如房地产交易、大宗商品价格、特定群体消费信息等。从严格意义上说，这些数据资源还算不上大数据，但对商业应用而言，却是最易获得和比较容易加工处理的数据资源，也是当前在国内比较常见的应用资源。

对于某一个行业的大数据场景，一是要看这个应用场景是否真有数据支撑，数据资源是否可持续，来源渠道是否可控，数据安全和隐私保护方面是否有隐患；二是要看这个应用场景的数据资源质量如何，能否保障这个应用场景的实效。对于来自自身业务的数据资源，具有较好的可控性，数据质量一般也有保证，但数据覆盖范围可能有限，需要借助其他资源渠道；对于从互联网抓取的数据，技术能力是关键，既要有能力获得足够大的量，又要有能力筛选出有用的内容；对于从第三方获取的数据，需要特别关注数据交易的稳定性。数据从哪里来是分析大数据应用的起点，如果一个应用没有可靠的数据来源，或者数据来源不具备可持续性，再好、再高超的数据分析技术都是无本之木。

（四）大数据的关联

数据无处不在，人类从发明文字开始，就记录各种数据，只是保存的介质一般是书本，这难以分析和加工。随着计算机与存储技术的快速发展，伴随着万物数字化的过程（音频数字化、图形数字化等），出现了数据的爆发，而且数据爆发的趋势随着万物互联的物联网技术的发展会越来越迅速，同时，对数据的存储技术和处理技术的要求也会越来越高。大数据已经成为当下人类最宝贵的财富，怎样合理有效地运用这些数据，发挥这些数据应有的作用，是大数据将要做到的。

早期的企业比较简单，关系型数据库中存储的数据往往是全部的数据来源，这个时候对应的大数据技术也就是传统的 OLAP 数据仓库解决方案。因为关系型数据库中基本上存储了所有数据，往往大数据技术也比较简单，直接从关系型数据库中获得统计数据，或者创建一个统一的 OLAP 数据仓库中心。以淘宝为例，淘宝早期的数据基本来源于主业务的 OLTP 数据库，数据不外乎用户信息（通过注册、认证获取）、商品信息（通过卖家上传获得)、交易数据（通过买卖行为获得)、收藏数据（通过用户的收藏行为获得)。从企业的业务层面来看，关注的也就是这些数据的统计，比如总用户数，活跃用户数，交易笔数、金额（可钻取到类目、省份等)，支付宝笔数、金额，等等。因为这个时候没有营销系统，没有广告系统，企业也只关注用户、商品、交易的相关数据，这些数据的统计加工就是当时大数据的全部。

但是，随着业务的发展，比如个性化推荐、广告投放系统的出现，会需要更多的数据做支撑，而数据库的用户数据，除了收藏和购物车是用户行为的体现外，用户的其他行为(如浏览数据、搜索行为等）是不展示的。这里就需要引进另一个数据来源，即日志数据，记录用户的行为数据，可以通过 Cookie 技术，只要用户登录过一次，就能与真实的用户取得关联。比如通过获取用户的浏览行为和购买行为，进而可以给用户推荐可能感兴趣的商品，是基于最基础的用户行为数据做的推荐算法。这些行为数据还可以用来分析用户的浏览路径和浏览时长，是用来改进相关电商产品的重要依据。

移动互联网飞速发展，随着基于 Native 技术的 App 大规模出现，用传统日志方式获取移动用户行为数据已经不再可能，这个时候涌现了一批新的移动数据采集分析工具，通过内置的 SDK 可以统计 Native 上的用户行为数据。数据是得到了，但是新的问题也产生了，比如在 PC 上的用户行为怎么对应到移动端的用户行为，这个是脱节的，因为 PC 有 PC 上的标准，移动端又采用了移动的标准，如果有一个统一的用户库，比如登录名、邮箱、身份证号码、手机号、IMEI 地址、MAC 地址等，用来唯一标识一个用户，无论是哪里产生的数据，只要是第一次关联上来，后面就能对应上。

这就涉及一个重要的话题——数据标准。数据标准不仅用于解决企业内部数据关联的问题，比如一个好的用户库，可以解决未来大数据关联上的很多问题，假定公安系统的数据跟医院系统的数据进行关联打通，可以发挥更大的价值，但是公安标识用户的是身份证，而医院标识用户的则是手机号码，有了统一的用户库后，就可以通过 ID-Mapping 技术简单地把双方的数据进行关联。数据的标准不仅仅是企业内部进行数据关联，这一点非常重要，跨组织、跨企业进行数据关联也非常重要，而业界有能力建立类似用户库等数据标准的企业和政府部门并不多。

大数据发展到后期，企业内部的数据已经不能满足企业自身的需要。比如淘宝，想要对用户进行一个完整的画像分析，想获得用户的实时地理位置、爱好、星座、消费水平、开什么样的车等，用于精准营销，单纯依靠淘宝自身的数据是不够的，这时，很多企业就会去购买一些数据（有些企业也会自己去获取一些信息，这个相对简单一点)，以获得更精准的用户画像。

（五）大数据的功能

如何把数据资源转化为解决方案，实现产品化，是人们特别关注的问题。大数据主要有以下较为常用的功能：

第一，追踪。互联网和物联网无时无刻不在记录，大数据可以追踪、追溯任何记录，形成真实的历史轨迹。追踪是大数据应用的起点，包括消费者购买行为、购买偏好、支付手段、搜索和浏览历史、位置信息等。

第二，识别。在对各种因素全面追踪的基础上，通过定位、比对、筛选可以实现精准识别，尤其是对语音、图像、视频进行识别，丰富可分析的内容，得到的结果更为精准。

第三，画像。通过对同一主体不同数据源的追踪、识别、匹配，形成更立体的刻画和更全面的认识。对消费者画像，可以精准地推送广告和产品；对企业画像，可以准确地判断其信用及面临的风险。

第四，预测。在历史轨迹、识别和画像基础上，对未来趋势及重复出现的可能性进行预测，当某些指标出现预期变化或超预期变化时给予提示、预警。以前也有基于统计的预测，大数据丰富了预测手段，对建立风险控制模型有深刻意义。

第五，匹配。在海量信息中精准追踪和识别，利用相关性、接近性等进行筛选比对，更有效率地实现产品搭售和供需匹配。大数据匹配功能是互联网约车、租房、金融等共享经济新商业模式的基础。

第六，优化。按距离最短、成本最低等给定的原则，通过各种算法对路径、资源等进行优化配置。对企业而言，提高服务水平，提升内部效率；对公共部门而言，节约公共资源，提升公共服务能力。

当前许多貌似复杂的应用，大都可以细分成以上几种类型。例如，大数据精准扶贫项目，从大数据应用角度，通过识别、画像，可以对贫困户实现精准筛选和界定，找对扶贫对象；通过追踪、提示，可以对扶贫资金、扶贫行为和扶贫效果进行监控和评估；通过配对、优化，可以更好地发挥扶贫资源的作用。这些功能也并不都是大数据所特有的，只是大数据远远超出了以前的技术，可以做得更精准、更快、更好。

二、大数据的影响分析

大数据对科学研究、思维方式和社会发展都具有重要而深远的影响。在科学研究方面，大数据使得人类科学研究在经历了实验、理论、计算三种范式之后，迎来了第四种范式——数据；在思维方式方面，大数据具有“全样而非抽样、效率而非精确、相关而非因果”三大显著特征，完全颠覆了传统的思维方式；在社会发展方面，大数据决策逐渐成为一种新的决策方式，大数据应用有力促进了信息技术与各行业的深度融合，大数据开发大大推动了新技术和新应用的不断涌现；在就业市场方面，大数据的兴起使得数据科学家成为热门人才；在人才培养方面，大数据的兴起将在很大程度上改变我国高校信息技术相关专业的现有教学和科研体制。

（一）大数据对科学研究的影响

人类在科学研究上先后历经了实验科学、理论科学、计算科学和数据密集型科学四种范式。

1. 第一种范式：实验科学

在最初的科学研究阶段，人类采用实验来解决一些科学问题，著名的比萨斜塔实验就是一个典型实例。1590 年，伽利略在比萨斜塔上做了“两个铁球同时落地”的实验，得出了质量不同的两个铁球同时下落的结论，从此推翻了亚里士多德“物体下落速度和质量成比例”的学说，纠正了这个持续了 1900 年之久的错误结论。

2. 第二种范式：理论科学

实验科学的研究会受到当时实验条件的限制，难以完成对自然现象更精确的理解。随着科学的进步，人类开始采用各种数学、几何、物理等理论，构建问题模型和解决方案。比如，牛顿第一定律、牛顿第二定律、牛顿第三定律构成了牛顿力学的完整体系，奠定了经典力学的概念基础，它的广泛传播和运用对人们的生活和思想产生了重大影响，在很大程度上推动了人类社会的发展与进步。

3. 第三种范式：计算科学

随着 1946 年人类历史上第一台计算机 ENIAC 的诞生，人类社会开始步入计算机时代，科学研究也进入了一个以“计算”为中心的全新时期。在实际应用中，计算科学主要用于对各个科学问题进行计算机模拟和其他形式的计算。通过设计算法并编写相应程序输入计算机运行，人类可以借助于计算机的高速运算能力去解决各种问题。计算机具有存储容量大、运算速度快、精度高、可重复执行等特点，是科学研究的利器，推动了人类社会的飞速发展。

4. 第四种范式：数据密集型科学

随着数据的不断累积，其宝贵价值日益得到体现，物联网和云计算的出现，更是促成了事物发展从量变到质变的转变，使人类社会开启了全新的大数据时代。这时，计算机将不仅仅能做模拟仿真，还能进行分析总结，得到理论。在大数据环境下，一切将以数据为中心，从数据中发现问题、解决问题，真正体现数据的价值。

大数据将成为科学工作者的宝藏，从数据中可以挖掘未知模式和有价值的信息，服务于生产和生活，推动科技创新和社会进步。虽然第三种范式和第四种范式都是利用计算机来进行计算，但是两者还是有本质的区别的。在第三种范式中，一般是先提出可能的理论，再搜集数据，然后通过计算来验证。而对于第四种范式，则是先有了大量已知的数据，然后通过计算得出之前未知的理论。

（二）大数据对思维方式的影响

大数据时代最大的转变就是思维方式的三种转变：全样而非抽样、效率而非精确、相关而非因果。

1. 全样而非抽样

过去，由于数据存储和处理能力的限制，在科学分析中，通常采用抽样的方法，即从全集数据中抽取一部分样本数据，通过对样本数据的分析来推断全集数据的总体特征。通常，样本数据规模要比全集数据小很多，因此，可以在可控的代价内实现数据分析的目的。现在，人们已经迎来大数据时代，大数据技术的核心就是海量数据的存储和处理，分布式文件系统和分布式数据库技术提供了理论上近乎无限的数据存储能力，分布式并行编程框架 Map Reduce 提供了强大的海量数据并行处理能力。

因此，有了大数据技术的支持，科学分析完全可以直接针对全集数据而不是抽样数据，并且可以在短时间内迅速得到分析结果，速度之快，超乎想象。

2. 效率而非精确

过去，在科学分析中采用抽样分析方法，就必须追求分析方法的精确性，因为抽样分析只是针对部分样本的分析，其分析结果被应用到全集数据以后，误差会被放大，这就意味着，抽样分析的微小误差被放大到全集数据以后，可能会变成一个很大的误差。因此，为了保证误差被放大到全集数据时仍然处于可以接受的范围，就必要确保抽样分析结果的精确性。正是由于这个原因，传统的数据分析方法往往更加注重提高算法的精确性，其次才是提高算法效率。

现在，大数据时代采用全样分析而不是抽样分析，全样分析结果就不存在误差被放大的问题。因此，追求高精确性已经不是其首要目标；相反，大数据时代具有“秒级响应”的特征，要求在几秒内就迅速给出针对海量数据的实时分析结果，否则就会丧失数据的价值，因此，数据分析的效率成为关注的核心。

3. 相关而非因果

过去，数据分析的目的，一方面是解释事物背后的发展机制，比如，一个大型超市在某个地区的连锁店在某个时期内净利润下降很多，这就需要 IT 部门对相关销售数据进行详细分析找出发生问题的原因；另一方面是用于预测未来可能发生的事件，比如，通过实时分析微博数据，当发现人们对雾霾天气的讨论明显增加时，就可以建议销售部门增加口罩的进货量，因为人们关注雾霾天气的一个直接结果是，大家会想到购买一个口罩来保护自己的身体健康。不管是哪个目的，其实都反映了一种“因果关系”。

但是，在大数据时代，因果关系不再那么重要，人们转而追求“相关性”而非“因果性”。比如，人们去网络购物时，当购买了一个汽车防盗锁以后，网络购物平台还会自动提示，与消费者购买相同物品的其他客户还购买了汽车坐垫，换言之，网络购物平台只会告诉消费者“购买汽车防盗锁”和“购买汽车坐垫”之间存在相关性，但是并不会阐释其他客户购买了汽车防盗锁以后还会购买汽车坐垫的理由。

（三）大数据对社会发展的影响

大数据将会对社会发展产生深远的影响，具体表现在：大数据决策成为一种新的决策方式，大数据应用促进信息技术与各行业的深度融合，大数据开发推动新技术和新应用的不断涌现。

1. 大数据决策成为一种新的决策方式

根据数据制订决策，并非大数据时代所特有。从 20 世纪 90 年代开始，数据仓库和商务智能工具就开始大量用于企业决策。发展到今天，数据仓库已经是一个集成的信息存储仓库，既具备批量和周期性的数据加载能力，也具备数据变化的实时探测、传播和加载能力，并能结合历史数据和实时数据实现查询分析和自动规则触发，从而提供对战略决策（如宏观决策和长远规划等）和战术决策（如实时营销和个性化服务等）的双重支持。但是，数据仓库以关系数据库为基础，无论是数据类型还是数据量方面都存在较大的限制。

现在，大数据决策可以面向类型繁多的、非结构化的海量数据进行决策分析，已经成为受到追捧的全新决策方式。比如，政府部门可以把大数据技术融入“舆情分析”，通过对论坛、微博、微信、社区等多种来源数据进行综合分析，弄清或测验信息中本质性的事实和趋势，揭示信息中含有的隐性情报内容，对事物发展做出情报预测，协助实现政府决策，有效应对各种突发事件。

2. 大数据应用促进信息技术与各行业的深度融合

在互联网、银行、保险、交通、材料、能源、服务等行业领域，不断累积的大数据将加速推进这些行业与信息技术的深度融合，开拓行业发展的新方向。比如，大数据可以帮助快递公司选择运费成本最低的最佳行车路径，协助投资者选择收益最大化的股票投资组合，辅助零售商有效定位目标客户群体，帮助互联网公司实现广告精准投放，还可以让电力公司做好配送电计划确保电网安全等。总之，大数据所触及的每个角落，社会生产和生活都会因之而发生巨大且深刻的变化。

3. 大数据开发推动新技术和新应用的不断涌现

大数据的应用需求是大数据新技术开发的源泉。在各种应用需求的强烈驱动下，各种突破性的大数据技术将被不断提出并得到广泛应用，数据的能量也将不断得到释放。在不远的将来，原来那些依靠人类自身判断力的领域应用，将逐渐被各种基于大数据的应用所取代。比如，如今的汽车保险企业，只能凭借少量的车主信息，对客户进行简单类别划分，并根据客户的汽车出险次数给予相应的保费优惠方案，客户选择哪家保险公司都没有太大差别。

随着车联网的出现，“汽车大数据”将会深刻改变汽车保险业的商业模式，如果某家商业保险公司能够获取客户车辆的相关细节信息，并利用事先构建的数学模型对客户等级进行更加细致的判定，给予更加个性化的“一对一”优惠方案，那么这家保险公司将具备明显的市场竞争优势，获得更多客户的青睐。

（四）大数据对就业市场的影响

大数据的兴起使得数据科学家成为热门人才。2010 年在高科技劳动力市场上还很难见到数据科学家的头衔，但此后，数据科学家逐渐发展成为市场上最热门的职位之一，具有广阔发展前景，并代表着未来的发展方向。

互联网企业和零售、金融类企业都在积极争夺大数据人才，数据科学家成为大数据时代最紧缺的人才。大数据中包含了大量的非结构化数据，未来将会产生大量针对非结构化数据分析的市场需求，因此，未来中国市场对掌握大数据分析专业技能的数据科学家的需求会逐年递增。

（五）大数据对人才培养的影响

大数据的兴起将在很大程度上改变中国高校信息技术相关专业的现有教学和科研体制。

一方面，数据科学家是一种需要掌握统计、数学、机器学习、可视化、编程等多方面知识的复合型人才，在中国高校现有的学科和专业设置中，上述专业知识分布在数学、统计和计算机等多个学科中，任何一个学科都只能培养某个方向的专业人才，难以培养全面掌握数据科学相关知识的复合型人才。

另一方面，数据科学家需要大数据应用实战环境，在真正的大数据环境中不断学习、实践并融会贯通，将自身技术背景与所在行业业务需求进行深度融合，从数据中发现有价值的信息，但是目前大多数高校还不具备这种培养环境，不仅缺乏大规模基础数据，也缺乏对领域业务需求的理解。

鉴于上述两方面的原因，目前国内的数据科学家人才并不是由高校培养的，而主要是在企业实际应用环境中通过边工作边学习的方式不断成长起来的，其中，互联网领域集中了大多数的数据科学家人才。

因此，高校应该秉承“培养人才、服务社会”的理念，充分发挥科研和教学综合优势，培养一大批具备数据分析基础能力的数据科学家，有效缓解数据科学家的市场缺口，为促进经济社会发展做出更大贡献。目前，国内很多高校开始设立大数据专业或者开设大数据课程，加快推进大数据人才培养体系的建立。

高校培养数据科学家人才需要采取“引进来”和“走出去”策略。所谓“引进来”，是指高校要加强与企业的紧密合作，从企业引进相关数据，为学生搭建起接近企业应用实际的、仿真的大数据实战环境，让学生有机会理解企业业务需求和数据形式，为开展数据分析奠定基础，同时从企业引进具有丰富实战经验的高级人才，承担起数据科学家相关课程教学任务，切实提高教学质量、水平和实用性。所谓“走出去”，是指积极鼓励和引导学生走出校园，进入互联网、金融、电信等具备大数据应用环境的企业去开展实践活动，同时努力加强产、学、研合作，创造条件让高校教师参与到企业大数据项目中，实现理论知识与实际应用的深层次融合，锻炼高校教师的大数据实战能力，为更好培养数据科学家人才奠定基础。

在课程体系的设计上，高校应该打破学科界限，设置跨院系跨学科的“组合课程”，由来自计算机、数学、统计等不同院系的教师构建联合教学师资力量，多方合作，共同培养具备大数据分析基础能力的数据科学家，使其全面掌握包括数学、统计学、数据分析、商业分析和自然语言处理等在内的系统知识，具有独立获取知识的能力，并具有较强的实践能力和创新意识。

◇ 第二节　大数据平台能力与架构

一、大数据平台的能力

实现对大数据的管理需要大数据技术的支撑，但仅仅使用单一的大数据技术实现大数据的存储、查询、计算等不利于日后的维护与扩展，因此构建一个统一的大数据平台至关重要。

（一）数据采集能力

拥有数据采集能力要有数据来源，在大数据领域，数据是核心资源。数据的来源方式有很多，主要包括公共数据（如社交网站等公开的互联网数据）、企业应用程序的埋点数据（企业在开发自己的软件时会接入记录功能按钮及页面的点击等行为数据）以及软件系统本身用户注册及交易产生的相关用户及交易数据。对数据的分析与挖掘都需要建立在这些原始数据的基础上，而这些数据通常具有来源多、类型杂、体量大三个特点。因此，大数据平台需要具备对各种来源和各种类型的海量数据的采集能力。

（二）数据存储能力

在大数据平台对数据进行采集之后，就需要考虑如何存储这些海量数据的问题了，根据业务场景和应用类型的不同会有不同的存储需求。比如，针对数据仓库的场景，数据仓库的定位主要是应用于联机分析处理，因此，往往会采用关系型数据模型进行存储；针对一些实时数据计算和分布式计算场景，通常会采用非关系型数据模型进行存储；还有一些海量数据会以文档数据模型的方式进行存储。因此，大数据平台需要具备提供不同的存储模型以满足不同场景和需求的能力。

（三）数据处理与计算能力

在对数据进行采集并存储下来之后，就需要考虑如何使用这些数据了。需要根据业务场景对数据进行处理，不同的处理方式会有不同的计算需求。比如，针对数据量非常大但是对时效性要求不高的场景，可以使用离线批处理；针对一些对时效性要求很高的场景，就需要用分布式实时计算来解决了。因此，大数据平台需要具备灵活的数据处理和计算的能力。

（四）数据分析能力

在对数据进行处理后，就可以根据不同的情形对数据进行分析了。如可以应用机器学习算法对数据进行训练，然后进行一些预测和预警等；还可以运用多维分析对数据进行分析来辅助企业决策等。因此，大数据平台需要具备数据分析的能力。

（五）数据可视化与应用能力

数据分析的结果仅用数据的形式进行展示会显得单调且不够直观，因此需要把数据进行可视化，以提供更加清晰直观的展示形式。“随着大数据时代的到来，使用数据可视化技术，可以提高挖掘数据信息的效率以及增加决策的准确性。”对数据的一切操作最后还是要落实到实际应用中去，只有应用到现实生活中才能体现数据真正的价值。因此，大数据平台需要具备数据可视化并能进行实际应用的能力。

二、大数据平台的架构

大数据平台架构应具有数据源层、数据采集层、数据存储层、数据处理层、数据分析层以及数据可视化及其应用六个层次。

（一）数据来源层

在大数据时代，谁掌握了数据，谁就有可能掌握未来，数据的重要性不言而喻。众多互联网企业把数据看作其自己的财富，有了足够的数据，才能分析用户的行为，了解用户的喜好，更好地为用户服务，从而促进企业自身的发展。

数据来源一般为生产系统产生的数据，以及系统运维产生的用户行为数据、日志式的活动数据、事件信息等，如电商系统的订单记录、网站的访问日志、移动用户手机上网记录、物联网行为轨迹监控记录。

（二）数据采集层

数据采集是大数据价值挖掘最重要的一环，其后的数据处理和数据分析都建立在数据采集的基础上。大数据的数据来源复杂多样，而且数据格式多样、数据量大。因此，大数据的采集需要实现利用多个数据库接收来自客户端的数据，并且应该将这些来自前端的数据导入一个集中的大型分布式数据库或者分布式存储集群，同时可以在导入的基础上做一些简单的清洗工作。

数据采集用到的工具有 Kafka、Sqoop、Flume、Avro 等。其中 Kafka 是一个分布式发布订阅消息系统，主要用于处理活跃的流式数据，作用类似缓存，即活跃的数据和离线处理系统之间的缓存。Sqoop 主要用于在 Hadoop 与传统的数据库间进行数据的传递，可以将一个关系型数据库中的数据导入 Hadoop 的存储系统中，也可以将 HDFS 的数据导入关系型数据库中。Flume 是一个高可用、高可靠、分布式的海量日志采集、聚合和传输的系统，它支持在日志系统中定制各类数据发送方，用于收集数据。Avro 是一种远程过程调用和数据序列化框架，使用 JSON 来定义数据类型和通信协议，使用压缩二进制格式来序列化数据，为持久化数据提供一种序列化格式。

（三）数据存储层

在大数据时代，数据类型复杂多样，其中主要以半结构化和非结构化为主，传统的关系型数据库无法满足这种存储需求。因此，针对大数据结构复杂多样的特点，可以根据每种数据的存储特点选择最合适的解决方案。对非结构化数据采用分布式文件系统进行存储，对结构松散无模式的半结构化数据采用列存储、键值存储或文档存储等 NoSQL 存储，对海量的结构化数据采用分布式关系型数据库存储。

文件存储系统有 HDFS 和 GFS 等。HDFS 是一个分布式文件系统，是 Hadoop 体系中数据存储管理的基础，GFS 是 Google 研发的一个适用于大规模数据存储的可拓展分布式文件系统。

NoSQL 存储有列存储 HBase、文档存储 MongoDB、图存储 Neo4j、键值存储 Redis 等。HBase 是一个高可靠、高性能、面向列、可伸缩的动态模式数据库。MongoDB 是一个可扩展、高性能、模式自由的文档型数据库。Neo4j 是一个高性能的图形数据库，它使用图相关的概念来描述数据模型，把数据保存为图中的节点以及节点之间的关系。Redis 是一个支持网络、基于内存、可选持久性的键值存储数据库。

关系型数据库存储有 Oracle、MySQL 等传统数据库。Oracle 是甲骨文公司推出的一款关系数据库管理系统，拥有可移植性好、使用方便、功能强等优点。MySQL 是一种关系数据库管理系统，具有速度快、灵活性高等优点。

（四）数据处理层

计算模式的出现有力地推动了大数据技术和应用的发展，然而，现实世界中的大数据处理问题的模式复杂多样，难以有一种单一的计算模式能涵盖所有不同的大数据处理需求。因此，针对不同的场景需求和大数据处理的多样性，产生了适合大数据批处理的并行计算框架 Map Reduce，交互式计算框架 Tez，迭代式计算框架 GraphX、Hama，实时计算框架 Druid，流式计算框架 Storm，SparkStreaming 等以及为这些框架可实施的编程环境和不同种类计算的运行环境（大数据作业调度管理器 ZooKeeper，集群资源管理器 YARN 和 Mesos）。

Spark 是一个基于内存计算的开源集群计算系统，它的用处在于让数据处理更加快速。

Map Reduce 是一个分布式并行计算软件框架，用于大规模数据集的并行运算。Tez 是一个基于 YARN 之上的 DAG 计算框架，它可以将多个有依赖的作业转换为一个作业，从而大幅提升 DAG 作业的性能。GraphX 是一个同时采用图并行计算和数据并行计算的计算框架，它在 Spark 之上提供一站式数据解决方案，可方便高效地完成一整套流水作业。Hama 是一个基于 BSP 模型（整体同步并行计算模型）的分布式计算引擎。Druid 是一个用于大数据查询和分析的实时大数据分析引擎，主要用于快速处理大规模的数据，并能够实现实时查询和分析。Storm 是一个分布式、高容错的开源流式计算系统，它简化了面向庞大规模数据流的处理机制。SparkStreaming 是建立在 Spark 上的应用框架，可以实现高吞吐量、具备容错机制的实时流数据的处理。YARN 是一个 Hadoop 资源管理器，可为上层应用提供统一的资源管理和调度。Mesos 是一个开源的集群管理器，负责集群资源的分配，可对多集群中的资源做弹性管理。ZooKeeper 是一个以简化的 Paxos 协议作为理论基础实现的分布式协调服务系统，它为分布式应用提供高效且可靠的分布式协调一致性服务。

（五）数据分析层

数据分析是指通过分析手段、方法和技巧对准备好的数据进行探索、分析，从中发现因果关系、内部联系和业务规律，从而提供决策参考。在大数据时代，人们迫切希望在由普通机器组成的大规模集群上实现高性能的数据分析系统，为实际业务提供服务和指导，进而实现数据的最终变现。

常用的数据分析工具有 Hive、Pig、Impala、Kylin，类库有 MLlib 和 SparkR 等。Hive 是一个数据仓库基础构架，主要用来进行数据的提取、转化和加载。Pig 是一个大规模数据分析工具，它能把数据分析请求转换为一系列经过优化处理的 Map Reduce 运算。Impala 是 Cloudera 公司主导开发的 MPP 系统，允许用户使用标准 SQL 处理存储在 Hadoop 中的数据。Kylin 是一个开源的分布式分析引擎，提供 SQL 查询接口及多维分析能力以支持超大规模数据的分析处理。MLlib 是 Spark 计算框架中常用机器学习算法的实现库。SparkR 是一个 R 语言包，它提供了轻量级的方式，使得用户可以在 R 语言中使用 ApacheSpark。

（六）数据可视化及其应用

数据可视化技术可以提供更为清晰直观的数据表现形式，将数据和数据之间错综复杂的关系，通过图片、映射关系或表格，以简单、友好、易用的图形化、智能化的形式呈现给用户，供其分析使用。可视化是人们理解复杂现象、诠释复杂数据的重要手段和途径，可通过数据访问接口或商业智能门户实现，以直观的方式表达出来。可视化与可视化分析通过交互可视界面来进行分析、推理和决策，可从海量、动态、不确定，甚至相互冲突的数据中整合信息，获取对复杂情景的更深层的理解，供人们检验已有预测，探索未知信息，同时提供快速、可检验、易理解的评估和更有效的交流手段。

大数据应用目前朝着两个方向发展：一是以盈利为目的的商业大数据应用；二是不以盈利为目的，侧重于为社会公众提供服务的大数据应用。商业大数据应用主要以 Facebook、Google、淘宝、百度等公司为代表，这些公司以自身拥有的海量用户信息、行为、位置等数据为基础，提供个性化广告推荐、精准化营销、经营分析报告等；公共服务的大数据应用如搜索引擎公司提供的诸如流感趋势预测、春运客流分析、紧急情况响应、城市规划、路政建设、运营模式等得到广泛应用。

◇ 第三节 大数据 Hadoop 及其应用领域

Hadoop 是一个分布式系统基础架构。用户在不了解分布式底层细节的情况下，开发分布式程序，充分利用集群的威力进行高速运算和存储。

一、大数据 Hadoop 概述

Hadoop 是一个分布式系统的基础架构。Hadoop 的框架最核心的设计就是 HDFS 和 Map Reduce。HDFS 为海量的数据提供了存储。HDFS 有高容错性的特点，并且设计用来部署在低廉的硬件上；而且它提供高吞吐量来访问应用程序的数据，适合那些有着超大数据集的应用程序。HDFS 放宽了 POSIX 的要求，可以以流的形式访问。Map Reduce 则为海量的数据提供了计算。

（一）Hadoop 的主流版本

Hadoop 目前除了社区版外，还有众多厂商的发行版本。各个厂商发布的版本有一些差异，现将各个主流的发行版本介绍如下。

（1）Cloudera。最成型的发行版本，拥有最多的部署案例；提供强大的部署、管理和监控工具。Cloudera 开发并贡献了可实时处理大数据的 Impala 项目。

（2）Hortonworks。100%开源的 ApacheHadoop 唯一提供商。Hortonworks 是第一家使用 ApacheHcatalog 的元数据服务特性的提供商，并且它们的 Stinger 极大地优化了 Hive 项目。Hortonworks 为人们提供了一个非常好的、易于使用的沙盒。Hortonworks 开发了很多增强特性并提交至核心主干，这使得 ApacheHadoop 能够在包括 Windows Server 和 Windows Azure 在内的 Microsoft Windows 平台上本地运行。

（3）Map Reduce。与竞争者相比，Map Reduce 使用了一些不同的概念，特别是为了获取更好的性能和易用性而支持本地 UNIX 文件系统而不是 HDFS（使用非开源的组件）。可以使用本地 UNIX 命令来代替 Hadoop 命令。除此之外，Map Reduce 还凭借诸如快照、镜像或有状态的故障恢复之类的高可用特性来与其他竞争者相区别。该公司也领导着 ApacheDrill 项目。本项目是 Google 的 Dremel 的开源项目的重新实现，目的是在 Hadoop 数据上执行类似 SQL 的查询以提供实时处理。

（4）Amazon Elastic Map Reduce（EMR）。区别于其他提供商的是，EMR 是一个托管的解决方案，运行在由 Amazon Elastic Compute Cloud（AmazonEC2）和 Amazon Simple Strorage Service（AmzonS3）组成的网络规模的基础设施之上。除了 Amazon 的发行版本之外，也可以在 EMR 上使用 Map Reduce，临时集群是主要的使用情形。如果需要一次性的或不常见的大数据处理，EMR 可能为用户节省大笔开支。然而，这也存在不利之处：它只包含了 Hadoop 生态系统中 Pig 和 Hive 项目，在默认情况下不包含其他很多项目；并且，EMR 是高度优化成与 S3 中的数据一起工作的，这种方式会有较大的延时并且不会定位于计算节点上的数据。所以，处于 EMR 上的文件比起自己的 Hadoop 集群或私有的 EC2 集群来说会慢很多，并有更大的延时。

（二）Hadoop 的原理与过程

1. HadoopHDFS 的原理与过程

Hadoop 提供一个分布式文件系统架构（HDFS）。HDFS 有着高容错性的特点，并且设计用来部署在相对低成本的 x86 服务器上。而且它提供高传输率来访问应用程序的数据，适合有着超大数据集的应用程序。

HDFS 的架构建立在大量普通配置的计算机组成的集群上。集群中的节点通常运行 GNU/Linux 操作系统同时必须支持 Java，因为 HDFS 是用 Java 实现的。HDFS 采用了主从（Master/Slave）架构，一个集群有一个 Master 和多个 Slave，前者称为名字节点（NameNode），后者称为数据节点（DataNode）。理论上一台计算机可以运行多个 DataNode 进程、一个 NameNode 进程（这个进程在整个集群中是唯一的），但是在实际情况中往往是一台计算机只运行一个 DataNode 或 NameNode，一个文件被分割成若干 Block 存储在一组 DataNode 上。NameNode 负责打开、关闭和重命名文件及目录，同时建立 Block 与 DataNode 之间的映射；DataNode 负责响应客户的读/写需求，同时在 NameNode 的指挥下实现 Block 的建立、删除以及复制。

HDFS 数据上传过程如下。

（1）Client 端发送一个添加文件到 HDFS 的请求给 NameNode。

（2）NameNode 告诉 Client 端如何来分发数据块以及分发的位置。

（3）Client 端把数据分为块（Block），然后把这些块分发到 DataNode 中。

（4）DataNode 在 NameNode 的指导下复制这些块，保持冗余。

2. HadoopMap Reduce 的原理与过程

Map Reduce 是 Google 公司于 2004 年提出的能并发处理海量数据的并行编程模型，其特点是简单易学、适用广泛，能够降低并行编程难度，让程序员从繁杂的并行编程工作中解脱出来，轻松地编写简单、高效的并行程序。

Hadoop 的 Map Reduce 是一个能够对大量数据进行分布式处理的软件开发框架，是一个能够让用户轻松驾驭和使用的分布式计算平台。用户可以轻松地在 Hadoop 上开发和运行处理海量数据的应用程序，它的主要优点包括：①高可靠性，Hadoop 的海量存储和处理数据的能力极强，同时具备高可靠性；②高扩展性，Hadoop 采用分布式设计，可以方便地扩展到数以千计的节点中；③高效性，Hadoop 能够在节点之间动态地移动数据，并保证各个节点的动态平衡，因此处理速度非常快；④高容错性，Hadoop 能够自动保存数据的多个副本，并且能够自动将失败的任务重新分配；⑤高性价比，与常见的大数据处理一体机、商用数据仓库等数据集市相比，Hadoop 是开源的，设备通常采用高性价比的 x86 服务器，项目的软硬件成本因此会降低。

Map Reduce 将复杂且运行在大规模集群上的并行计算过程抽象到 Map 和 Reduce 两个函数。Map 和 Reduce 处理数据的主要思想是：将待处理数据集分解成许多小的数据集，所有小的数据集可以完全并行地进行处理。因此，一个 Map Reduce 作业通常把数据集分解为若干独立数据块，由 map 任务以完全并行方式运行处理它们。框架会对 map 的输出先进行排序，并把结果输入 reduce 任务。通常，Map Reduce 框架的计算节点和存储节点是运行在同一组节点上的，即 Map Reduce 和 HDFS 运行的节点通常是在一起的，这使得集群的网络带宽利用更加高效。

Map Reduce 框架包括一个主节点、多个子节点和 MRAppMaster（每个任务一个）共同构成。应用程序需要至少指明输入/输出的位置，并通过实现合适的接口或抽象类提供 map 和 reduce 函数，再加上其他作业的参数，就构成了作业配置。Hadoop 的 jobclient 提交作业和配置信息给 Resource Manager，Resource Manager 负责分发这些软件和配置信息给 Slave 节点、调度任务并且监控这些 Slave 节点的执行过程，将状态和诊断信息反馈给 jobclient。针对上述的流程可以分为以下两个阶段来描述：

（1）Map 阶段。

①Input Format 根据输入文件产生键值对，并传送到 Mapper 类的 map 函数中。

②map 输出键值对到一个没有排序的缓冲内存中。

③当缓冲内存达到给定值或者 map 任务完成，在缓冲内存中的键值对就会被排序，然后输出到磁盘中的溢出文件。

④如果有多个溢出文件，则整合这些文件到一个文件中，且是排序的。

⑤这些排序过的、在溢出文件中的键值对会等待 Reducer 的获取。

（2）Reduce 阶段。

①Reducer 获取 Mapper 的记录，然后产生另外的键值对，最后输出到 HDFS 中。

②shuffle 相同的 key 被传送到同一个 Reducer 中。

③当有一个 Mapper 完成后，Reducer 就开始获取相关数据，所有的溢出文件会被排序到一个内存缓冲区中。

④当内存缓冲区满之后，就会产生溢出文件到本地磁盘。

⑤当 Reducer 所有相关的数据都传输完成后，所有溢出文件就会被整合和排序。

⑥Reducer 中的 reduce 方法针对每个 key 调用一次。

⑦Reducer 的输出到 HDFS。

3. Hadoop YARN 原理与过程

Apache Hadoop YARN（Yet Another Resource Negotiator，另一种资源协调者）是一种新的 Hadoop 资源管理器，它是一个通用资源管理系统，可为上层应用提供统一的资源管理和调度，它的引入为集群在利用率、资源统一管理和数据共享等方面带来了巨大好处。

YARN 的基本思想是将 JobTracker 的两个主要功能（资源管理和作业调度/监控）进行分离，主要方法是创建一个全局的 Resource Manager（RM）和若干个针对应用程序的 Application Master（AM）。这里的应用程序是指传统的 Map Reduce 作业或作业的 DAG（有向无环图）。

YARN 分层结构的本质是 Resource Manager。这个实体控制整个集群并管理应用程序向基础计算资源的分配。Resource Manager 将各个资源部分（计算、内存、带宽等）精心安排给基础 Node Manager（YARN 的各节点代理）。Resource Manager 还与 Application Master 一起分配资源，与 Node Manager 一起启动和监视它们的基础应用程序。Apphcation Master 承担了以前的 TaskTracker 的一些角色，Resource Manager 承担了 Job Tracker 的角色。

Resource Manager 是 YARN 资源控制框架的中心模块，负责集群中所有资源的统一管理和分配。它接收来自 NM 的汇报，建立 Application Master，并将资源派送给 Application Master。

下述是提交一个 job 的处理过程：

（1）Client 提交一个 job 到 RM，进入 RM 中的 Scheduler 队列供调度。

（2）RM 根据 NM 汇报的资源情况（NM 会定时汇报资源和 container 使用情况），请求一个合适的 NM launchcontainer，以启动运行 AM。

（3）AM 启动后，注册到 RM 上，以使 Client 可以查到 AM 的信息，便于 Client 直接和 AM 通信。

（4）AM 启动后，根据 job 相关的 split 的 task 情况，会和 RM 协商申请 container 资源。

（5）RM 分配给 AMcontainer 资源后，根据 container 的信息，向对应的 NM 请求 launchcontainer。

（6）NM 启动 container 运行 task，运行过程中向 AM 汇报进度状态信息，类似于 MRvl 中 task 的汇报，同时 NM 也会定时地向 RM 汇报 container 的使用情况。

（7）在 application（job）执行过程中，Client 可以和 AM 通信，获取 application 相关的进度和状态信息。

（8）在 application（job）完成后，AM 通知 RMclear 自己的相关信息并关闭，释放自己占用的 container。

（三）Hadoop 的生态系统

Hadoop 的生态系统主要包括 Hive，HBase，Pig，Sqoop，Flume，ZooKeeper，Mahout，Spark，Storm，Shark，Phoenix，Tez，Avr。各项目的基本情况如下。

（1）Hive。用于 Hadoop 的一个数据仓库系统，它提供了类似于 SQL 的查询语言，通过使用该语言，可以方便地进行数据汇总、特定查询以及分析存放在 Hadoop 兼容文件系统中的大数据。

（2）HBase。一种分布的、可伸缩的大数据存储库，支持随机、实时读/写访问。

（3）Pig。分析大数据集的一个平台，该平台由一种表达数据分析程序的高级语言和对这个程序进行评估的基础设施一起组成。

（4）Sqoop。为高效传输批量数据而设计的一种工具，用于 Apache Hadoop 和结构化数据存储库（如关系数据库）之间的数据传输。

（5）Flume。一种分布式的、可靠的、可用的服务，用于搜集、汇总、移动大量日志数据。

（6）ZooKeeper。一种集中服务，用于维护配置信息、命名、提供分布式同步以及提供分组服务。

（7）Mahout。一种基于 Hadoop 的机器学习和数据挖掘的分布式计算框架算法集，实现了多种 Map Reduce 模式的数据挖掘算法。

（8）Spark。一个开源的数据分析集群计算框架，最初由加州大学伯克利分校 AMPLab 开发，建立于 HDFS 之上。Spark 与 Hadoop 一样，用于构建大规模、低延时的数据分析应用。Spark 采用 Scala 语言实现，使用 Scala 作为应用框架。

（9）Storm。一个分布式的、容错的实时计算系统，由 BackType 开发，后被 Twitter 收购。Storm 属于流处理平台，多用于实时计算并更新数据库。Storm 也可被用于"连续计算"，对数据流进行连续查询，在计算时就将结果以流的形式输出给用户。它还可用于"分布式 RPC"，以并行的方式运行大型的运算。

（10）Shark。Shark 即 Hiveon Spark，一个专为 Spark 打造的大规模数据仓库系统，兼容Apache Hive。无须修改现有的数据或者查询，就可以用 100 倍的速度执行 HiveQL。Shark 支持 Hive 查询语言、元存储、序列化格式及自定义函数，与现有 Hive 部署无缝集成，是一个更快、更强大的替代方案。

（11）Phoenix。构建在 Apache HBase 之上的一个 SQL 中间层，完全使用 Java 编写，提供了一个客户端可嵌入的 JDBC 驱动。Phoenix 查询引擎会将 SQL 查询转换为一个或多个 HBasescan，并编排执行以生成标准的 JDBC 结果集。直接使用 HBaseAPI、协同处理器与自定义过滤器，对于简单查询来说，性能量级是毫秒，对于百万级别的行数来说，性能量级是秒。

（12）Tez。一个基于 Hadoop YARN 之上的 DAG（有向无环图，Directed Acyclic Graph）计算框架。它把 Map/Reduce 过程拆分成若干个子过程，同时可以把多个 Map/Reduce 任务组合成一个较大的 DAG 任务，减少了 Map/Reduce 之间的文件存储。同时合理组合其子过程，减少任务的运行时间。

（13）Avr。Avr 是一个数据序列化系统，提供了丰富的数据结构类型、快读可压缩的二进制数据格式、存储持久数据的文件容器、可远程过程调用等。

二、Hadoop 的应用领域

数据处理模式会发生变化，不再是传统的针对每个事务从众多源系统中拉数据，而是由源系统将数据推至 HDFS，ETL 引擎处理数据，然后保存结果。结果可以将来用 Hadoop 分析，也可以提交到传统报表和分析工具中分析。经证实，使用 Hadoop 存储和处理结构化数据可以减小90%的成本，并可以提升4倍处理速度。以金融行业为例，Hadoop有以下方面可以对用户的应用有帮助。

（1）涉及的应用领域：内容管理平台。海量低价值密度的数据存储，可以实现向结构化、半结构化、非结构化数据存储。

（2）涉及的应用领域：风险管理、反洗钱系统等。利用Hadoop做海量数据的查询系统或者离线的查询系统，比如用户交易记录的查询，甚至是一些离线分析都可以在Hadoop上完成。

（3）涉及的应用领域：用户行为分析及组合式推销。用户行为分析与复杂事务处理提供相应的支撑，比如基于用户位置的变化进行广告投送，进行精准广告的推送，都可以通过Hadoop数据库的海量数据分析功能来完成。

第二章 大数据处理与技术研究

◇第一节 大数据处理——Map Reduce

Map Reduce 是一种面向大规模海量数据处理的高性能并行计算平台和软件编程框架，当前的软件实现是指定一个 Map（映射）函数，用来把一组键值对映射成一组新的键值对，指定并发的 Reduce（归约）函数，用来保证所有映射的键值对中的每一个共享相同的键组。

Map Reduce 是面向大规模数据并行处理的，这可以体现在三个方面：一是基于集群的高性能并行计算平台，允许用市场上现成的普通 PC 或性能较高的刀片式、机架式服务器，构成一个包含数千个节点的分布式并行计算集群；二是并行程序开发与运行框架，提供了一个庞大但设计精良的并行计算软件构架，能自动完成计算任务的并行化处理，自动划分计算数据和计算任务，在集群节点上自动分配和执行子任务以及收集计算结果，将数据分布存储、数据通信、容错处理等并行计算中的很多复杂细节交由系统负责处理，大幅减少了软件开发人员的负担；三是并行程序设计模型与方法，借助于函数式语言中的设计思想，提供了一种简便的并行程序设计方法，用 Map 和 Reduce 两个函数编程实现基本的并行计算任务，提供了完整的并行编程接口，可以完成大规模数据处理。

一、Map Reduce 的起源背景

随着社会科学技术的发展，数据规模及复杂度给计算性能带来了巨大的挑战——一方面是爆炸性增长的 Web 规模数据量；另一方面是更多应用场景有超大的计算量或者计算复杂度。

并行计算是大势所趋，并且要面对诸多挑战：①在近几十年里程序设计技术的最大革命是面向对象技术；②下一个程序设计技术的革命将是并行程序设计；③目前绝大多数程序员不懂并行设计技术，就像十几年前绝大多数程序员不懂面向对象技术一样。所以就需要海量数据并行处理技术。

分布式并行计算框架 Map Reduce 之所以会出现，并在大数据行业获得广泛支持，主要原因有以下几方面。

（1）并行计算技术和并行程序设计的复杂性。依赖于不同类型的计算问题、数据特征、计算要求和系统构架，并行计算技术较为复杂，程序设计需要考虑数据划分、计算任务和算法划分，数据访问和通信同步控制，软件开发难度大，难以找到统一和易于使用的计算框架和编程模型与工具。

（2）海量数据处理需要有效的并行处理技术。在处理海量数据时，依靠 MPI 等并行处理技术难以奏效。

（3）Map Reduce 是面向海量数据处理非常成功的技术。Map Reduce 推出后，被当时的工业界和学界公认为有效和易于使用的海量数据并行处理技术。在当时的数年中，Google、Yahoo!、IBM、Amazon、百度、淘宝、腾讯等国内外企业普遍使用 Map Reduce。

总体来讲，Map Reduce 是一种面向大规模海量数据处理的高性能并行计算平台和软件编程框架，广泛应用于搜索引擎（文档倒排索引、网页链接图分析与页面排序等）、Web 日志分析、文档分析处理、机器学习、机器翻译等各种大规模数据并行计算应用领域。

二、Map Reduce 的组件框架

Map Reduce 采用同 HDFS 一样的 Master/Slave（M/S）架构，它主要由这些组件组成：Client、JobTracker、TaskTracker 和 Task。

（一）Client

在 Hadoop 内部用“作业”（Job）表示 Map Reduce 程序。用户可以编写 Map Reduce 程序，通过 Client 提交到 JobTracker 端；同时，用户可通过 Client 提供的一些接口查看作业运行状态。一个 Map Reduce 程序可对应若干个作业，而每个作业会被分解成若干个 Map/Reduce 任务（Task）。

（二）JobTracker

JobTracker 主要负责资源监控和作业调度。JobTracker 监控所有 TaskTracker 与作业的健康状况，一旦发现失败情况，其会将相应的任务转移到其他节点；同时 JobTracker 会跟踪任务的执行进度、资源使用量等信息，并将这些信息告诉任务调度器，而任务调度器会在资源出现空闲时，选择合适的任务使用这些资源。在 Hadoop 中，任务调度器是一个可插拔的模块，用户可以根据自己的需要设计相应的任务调度器。

（三）TaskTracker

TaskTracker会周期性地通过Heartbeat将本节点上资源的使用情况和任务的运行进度汇报给JobTracker，同时接收JobTracker发送过来的命令并执行相应的操作（如启动新任务、杀死任务等）。TaskTracker使用“slot”等量划分本节点上的资源量。“slot”代表计算资源（CPU、内存等）。一个Task获取到一个slot后才有机会运行，而Hadoop调度器的作用就是将各个TaskTracker上的空闲slot分配给Task使用。slot分为Map slot和Reduce slot两种，分别供Map Task和Reduce Task使用。TaskTracker通过slot数目（可配置参数）限定Task的并发度。

（四）Task

Task分为Map Task和Reduce Task两种，均由TaskTracker启动。HDFS以固定大小的block为基本单位存储数据，而对于Map Reduce而言，其处理单位是split。split是一个逻辑概念，它只包含一些元数据信息，比如数据起始位置、数据长度、数据所在节点等，它的划分方法完全由用户自己决定。但需要注意的是，split的多少决定了Map Task的数目，因为每个split都会交由一个Map Task处理。

Map Task先将对应的split迭代解析成若干个key/value，然后依次调用用户自定义的map（）函数进行处理，最终将临时结果存放到本地磁盘上，其中临时数据被分成若干个partition，每个partition都将被一个Reduce Task处理。

Reduce Task的执行过程又分为三个阶段：①从远程节点上读取Map Task中间结果（称为“shuffle阶段”）；②key/value键值对按照key进行排序（称为“sort阶段”）；③依次读取〈key，value list〉，调用用户自定义的reduce（）函数处理，并将最终结果存到HDFS上（称为“reduce阶段”）。

三、Map Reduce的运行过程

Map Reduce的完整计算过程为：①有一个待处理的大数据，被划分为大小相同的数据块（如64MB），以及有与此相应的用户作业程序；②系统中有一个负责调度的主节点，以及数据Map和Reduce节点；③用户作业程序提交给主节点；④主节点为作业程序寻找和配备可用的Map节点，并将程序传送给Map节点；⑤主节点也为作业程序寻找和配备可用的Reduce节点，并将程序传送给Reduce节点。

下面从逻辑实体的角度讲解Map Reduce运行机制，Map Reduce的运行过程按照时间

顺序包括输入分片、Map 阶段，combiner 阶段，shuffle 阶段和 Reduce 阶段。

（一）输入分片

在进行 Map 计算之前，Map Reduce 会根据输入文件计算输入分片，每个输入分片都针对一个 Map 任务，输入分片存储的并非数据本身，而是一个分片长度和一个记录数据位置的数组，输入分片往往和 HDFS 的 block（块）关系很密切。假如设定 HDFS 的块的大小是 64MB，如果输入有三个文件，大小分别是 3MB、65MB 和 127MB，那么 Map Reduce 会把 3MB 文件分为一个输入分片，把 65MB 文件分为两个输入分片，而把 127MB 文件也分为两个输入分片。如果在 Map 计算前做输入分片调整，例如合并小文件，那么就会有五个 Map 任务执行，而且每个 Map 执行的数据大小不均，这也是 Map Reduce 优化计算的一个关键点。

（二）Map 阶段

Map 阶段就是程序员编写好的 Map 函数，因此 Map 函数的效率相对易于控制，而且一般 Map 操作都是本地化操作，也就是在数据存储节点上进行。

（三）combiner 阶段

combiner 阶段是程序员可以选择的，combiner 其实也是一种 Reduce 操作，因此可以发现 WordCount 类是用 Reduce 进行加载的。combiner 是一个本地化的 Reduce 操作，它是 Map 运算的后续操作，主要是在 Map 计算出中间文件前做一个简单的合并重复 key 值的操作。例如，对文件里的单词频率做统计，Map 计算的时候如果碰到一个 Hadoop 的单词就会记录为 1，但是这个文件里 Hadoop 的单词可能会出现 n 次，那么 Map 输出文件就会有很多冗余。因此在 Reduce 计算前对相同的 key 做一个合并操作，那么文件会变小，这样就提高了宽带的传输效率。毕竟 Hadoop 计算力宽带资源往往是计算的瓶颈，也是计算最为宝贵的资源。但是 combiner 操作是有风险的，使用它的原则是 combiner 的输入不会影响到 Reduce 计算的最终输入。例如：如果计算只是求总数、最大值、最小值，则可以使用 combiner，但是做平均值计算使用 combiner 的话，最终的 Reduce 计算结果就会出错。

（四）shuffle 阶段

将 Map 的输出作为 Reduce 的输入过程就是 shuffle 阶段，这个阶段是 Map Reduce 优化的重点。

shuffle 阶段的一开始就是 Map 阶段做输出操作，一般 Map Reduce 计算的都是海量数据，Map 输出的时候不可能把所有文件都放到内存操作。因此 Map 写入磁盘的过程十分复杂，更何况 Map 输出的时候要对结果进行排序，内存开销是很大的。

Map 在做输出时会在内存里开启一个环形内存缓冲区，这个缓冲区是专门用来输出的，默认大小是 100MB，并且在配置文件里为这个缓冲区设定了一个阈值，默认是0.80（这个缓冲区的大小和阈值都是可以在配置文件里进行配置的）。同时 Map 还会为输出操作启动一个守护线程，如果缓冲区的内存达到了阈值的 80%，这个守护线程就会把内容写到磁盘上，这个过程叫 spill，另外的 20%内存可以继续写入要写进磁盘的数据，写入磁盘和写入内存操作是互不干扰的，如果缓存区被撑满了，那么 Map 就会阻塞写入内存的操作，让写入磁盘操作完成后再继续执行写入内存操作。

写入磁盘前会有个排序操作，这个是在写入磁盘操作的时候进行的，不是在写入内存的时候进行的，如果定义了 combiner 函数，那么排序前还会执行 combiner 操作。一次 spill 操作就是写入磁盘操作的时候会写一个溢出文件，也就是说在做 Map 输出时有几次 spill 就会产生多少个溢出文件，等 Map 输出全部做完后，Map 会合并这些输出文件。

这个过程里还会有一个 Partitioner 操作。Partitioner 操作和 Map 阶段的输入分片很像，一个 Partitioner 操作对应一个 Reduce 作业。如果 Map Reduce 操作只有一个 Reduce 操作，那么 Partitioner 操作就只有一个；如果有多个 Reduce 操作，那么对应的 Partitioner 操作就会有多个。因此 Partitioner 就是 Reduce 的输入分片，这个程序员可以编程控制，主要是根据实际 key 和 value 的值、实际业务类型，或者是为了更好的 Reduce 负载均衡，这是提高 Reduce 效率的一个关键所在。

到了 Reduce 阶段就是合并 Map 输出文件了，Partitioner 会找到对应的 Map 输出文件，然后进行复制操作。进行复制操作时 Reduce 会开启几个复制线程，这些线程的默认个数是五个。程序员也可以在配置文件里更改复制线程的个数。这个复制过程和 Map 写入磁盘的过程类似，也有阈值和内存大小，阈值一样可以在配置文件里配置，而内存大小则直接使用 Reduce 的 TaskTracker 的内存大小，复制的时候 Reduce 还会进行排序操作和合并文件操作，这些操作完成后就会进行 Reduce 计算了。

（五）Reduce 阶段

Reduce 阶段和 Map 函数一样也是由程序员编写的，最终结果存储在 HDFS 上。

◇ 第二节 大数据挖掘与可视化技术

一、大数据分析与数据挖掘技术

（一）大数据分析

在商业智能、科学研究、计算机仿真、互联网应用和电子商务等诸多应用领域，数据在以极快的速度增长，为了分析和利用这些庞大的数据资源，必须依赖有效的数据分析技术。为了从数据中发现知识并加以利用，辅助领导者的决策，必须对数据进行深入的分析，而不是生成简单的报表，这些复杂的分析必须依赖于分析模型。

数据技术可以改进计量与监控手段，从而改善观察的效果。看得越清楚，就越有可能采取合理明智的行动。但是，要让数据驱动的决策活动朝着良性方向发展绝非易事。大多数企业对自己的经营活动无法形成清醒的认识，事实上，摆在大数据时代的很多商机存在于平常的领域之中，在于更清楚无误地统计、监控与观察。

1. 起源背景

数据分析是指用适当的统计方法对收集来的大量第一手资料和第二手资料进行分析，以求最大化地开发数据资料的功能，发挥数据的作用。数据分析的目的是把隐没在一大批看来杂乱无章的数据中的信息集中、萃取和提炼出来，以找出所研究对象的内在规律。在实用中，数据分析可帮助人们做出判断，以便采取适当的行动。

（1）数据分析环境的演变过程。从分析人员的视角看，数据分析环境经历了从孤立的数据集市到数据仓库，再到如今的分析沙盒的演变过程。

由于电子数据表的出现，业务用户可以在具有行列结构的数据上建立起简单逻辑，并创建他们自己对业务问题的分析（例如试算）；普通用户不需要参加复杂的培训即可建立电子数据表。电子数据表的两个主要优点是：①容易共享；②终端用户对涉及的逻辑有所控制。然而，它们的迅速扩散使得企业不得不艰难地应对因为频繁更新而引起的“多版本”问题。如果一个用户不幸丢失或损坏了笔记本电脑，则已经建立的数据及其逻辑也就此终结。这些问题的存在使得数据集中化需求越来越高。

由于数据的增长，很多企业如 Oracle 和 Microsoft 等都提供了更大规模的数据仓库解决方案。这些技术使得数据可以被集中管理，提供了安全性、自动备份和单独的存储库。在这里，用户可以确保取得的财务报表或者其他关键任务的数据来自“正式的”数据源。这种结构还有利于建立联机分析处理和商业智能分析工具，给用户提供了快速多维度访问数据库和高效生成报表的能力。一些提供商还将先进的逻辑方法打包，用来实现更深层次的分析技术，比如回归分析和神经网络等。

企业数据仓库对于报表和商业智能事务是极其重要的，虽然从分析人员的视角看，数据仓库会限制分析人员执行繁重的分析或降低数据探索的灵活性。在这种模式中，数据是由 IT 团队和数据库管理员来管理和控制的，而分析人员必须依赖 IT 人员来访问和更改数据模式。这种严格的控制和监督也意味着分析人员需要更长的时间才能获得数据，而且数据又通常是来自多个数据源。事实上，数据仓库的规则限制了分析人员建立分析所用的数据集，这使得在企业中出现了影子系统，其中包含了用于构造分析数据集的关键数据，由高级用户在本地管理。

“分析沙盒”① 使得应用数据库内嵌处理的高性能计算成为可能。这种方法能够关联企业内部多个数据源，从而节省了分析人员用于建立独立数据集的时间。用于深度分析的数据库内嵌处理使得开发和执行新分析模型的周期大幅加快，并减少了（虽然没有完全消除）用于在本地影子系统保存数据的相关费用。另外，“分析沙盒”可以装载各种各样的数据，例如，互联网数据、元数据和非结构化数据，而不仅仅是企业数据仓库中的典型结构化数据。

（2）传统分析架构的主要特点。数据仓库的目的是构建面向分析的集成化数据环境，为企业提供决策支持。数据仓库本身不生产任何数据，同时自身也不需要消费任何的数据，数据来源于外部，并且开放给外部应用。基于数据仓库的传统分析架构具有以下特点。

①对于源数据，为了载入企业数据仓库，数据需要使用合适的数据类型定义，以便被很好地理解、结构化和规范化。这种集中化使得企业可以享受对高度关键数据进行安全控制、备份和失效备援带来的益处，与此同时，这也意味着数据必须完成重要的预处理和检查，才能进入这种可控的环境。但这无助于数据探查和迭代分析。

②影子系统是对企业数据仓库控制的结果，它以部门数据仓库和本地数据集市的形式出现。业务用户建立它们是为了满足对灵活分析的需求。这些本地的数据集市并不具有和企业数据仓库一样的安全和结构约束，且允许用户进行企业中的一定级别的分析。然而，这些一次性的系统都是孤立存在的，通常不被联网或者连接到其他的数据存储，并且基本

① “分析沙盒”是指在受限的安全环境中运行应用程序的一种做法。

上没有备份。

③一旦进入数据仓库，数据就会被提供给用于商业智能和报表目的的企业应用。高优先级的业务流程将从数据仓库中得到关键数据。

④在这个工作流的末端，分析人员得到用于后续分析的数据。因为用户不能在生产数据库上运行定制或大强度的分析，分析人员不得不从数据仓库中提取数据，使用本地分析工具进行离线分析。通常，这些工具只限于使用台式机通过内存分析来分析数据样本，而不是数据集整体。因为这些分析是基于提取出的数据的，它们位于一个单独的场所，并且分析得到的对数据质量或异常的任何发现，极少会反馈给主企业数据仓库。

⑤由于严格的验证和数据结构化处理，数据在企业数据仓库中是慢慢积累的，因此数据也是缓慢地移动到企业数据仓库，并且模式也是缓慢变化的。企业数据仓库的原始设计可能已经考虑到了特定的目的和一些业务需求，但是，随着时间的推移，数据存储得越来越多，使得商业智能和为分析与报表建立 OLAP 立方体成为可能。企业数据仓库只提供了有限的方法去完成这些目标，比如，实现报表的任务和仪表盘的建立，基本上限制了分析人员的能力。

2. 分析平台

大数据项目带有一些应考虑的因素，用以确保分析方法适合处理所面对的问题。由于大数据的特性，这些方法适合用于决策支持，特别是具有高处理复杂度和高价值的战略性决策。由于数据的高容量和复杂性，用于这方面的分析技术需要能够灵活地迭代使用（分析灵活性）。这些条件产生了复杂的分析项目，例如，预测客户流失率，执行起来会有一定的延迟（考虑需要的决策速度）；或者使用先进分析方法、大数据和机器学习算法的组合来实施这些分析技术，用来提供实时（需要高吞吐率）或者准实时的分析。例如，基于近期网站访问记录和购买行为的推荐引擎。为了成功实施大数据项目，还需要把与当今传统企业数据仓库不同的方法作为数据架构。分析人员需要与 IT 和数据库管理员进行合作，获取他们在“分析沙盒”中需要的数据，这包括原始未处理的数据、聚合数据，以及具有多种类型结构的数据。“分析沙盒”需要精通深度分析的人员来使用，以便采用更强大的方式来探索数据。

大数据需要一种可让业务和技术都获得竞争优势的新型分析平台，而这又需要满足这些新技术基础架构：①可大规模扩展到 PB 级数据；②支持低延迟数据访问和决策；③具有集成分析环境，以加速高级分析建模和操作化流程。借助于对海量数据集的新尺度处理能力，不仅能不断识别深藏在大数据中的可操作价值，还能实现这些操作价值与用户网络环境的无缝集成（无位置限制）。这种新的分析平台能在企业各个级别对大数据和改进业务决策提供前瞻式预测分析，让企业从回顾性报告的旧方式中解脱出来。

（1）敏捷计算平台。敏捷性通过高度灵活且可重新配置的数据仓库和分析架构实现。分析资源可快速进行重新配置和部署，以满足不断变化的业务需求，从而实现新级别的分析灵活性和敏捷性。

第一，实现“敏捷”数据仓储。①按需聚合——可提供更快的查询和报告响应时间，不必事先构建聚合。具有实时创建聚合的能力，避免了每次数据“细流”汇入数据仓库时不断地重新构建聚合的需要；②索引独立性——数据库管理员可消除刚性索引构建的需要。不必事先得知用户要问的问题，以便构建所有支持索引。用户可以自由询问更具体的业务问题，而不必担心性能问题；③即时创建关键绩效指标（KPI），业务用户可自由定义、创建和测试新派生的（且复合的）KPI，而不必由数据库管理员事先计算它们；④灵活、临时的层次结构——构建数据仓库时不必预定义维度层次结构，例如，在市场情报分析期间，企业可灵活更改作为分析基准的公司。

第二，集成式数据仓库和分析。①在数据仓库和分析环境之间细分和流化大规模数据集用以支持创建“分析沙盒”，供分析探索和发现使用；②在最低粒度级别查询大规模数据集，以标记“异常”行为、趋势和活动，从而根据相关建议创建可操作价值；③加快不同业务场景的开发和测试，以简化假设分析、敏感性分析和风险分析。集成式数据仓库和分析环境的这些优势可应用到日常任务中，从而带来宝贵的价值。

（2）线性扩展能力。对大规模计算能力的实现意味着能以完全不同的方式解决业务问题，大规模计算扩展能力主要应用于以下方面。

第一，将 ETL（Extract-Transform-Load）转变为数据浓缩过程。①活动定序和排序——识别在特定事件之前发生的一系列活动。例如，识别某人通常首先会在网站上搜索需要进行技术支持的问题，然后致电呼叫中心两次，随后便成功解决了问题；②频率计数——计算在特定时间段内发生某种事件的频率。例如，发现产品在首次使用 90 天内收到多少次服务呼叫；③N-tiles——根据特定指标或一组指标将项目（如产品、事件、客户和合作伙伴）分组到“桶”中。例如，根据三个月滚动期内的收入或利润跟踪最有经济实力的（前 10%）客户；④行为“篮子”——创建一组先于销售或“转换”事件的活动（包括频率和排序），以识别最有效、获利能力最强的市场治理组合。

第二，支持极端变化的查询和分析工作负载。①性能和可扩展性——“钻探”数据以询问支持决策制订所需的二级和三级问题的敏捷性。如果业务用户想要深入所有这些细节数据以找出推动业务发展的变量，他们不必担心会因分析大量数据而使系统瘫痪；②敏捷性——支持快速开发、测试和优化有助于预测业务绩效的分析模型。数据分析时可自由发掘可能推动业务绩效的各种变量，从结果中总结经验，并将这些发现融入模型的下一次迭代，不会再遇到分析很快失败的情况，也不担心分析带来的系统性能问题。

第三，分析海量粒数据集（大数据）。①执行多维分析的能力。企业不再局限于从三维或四维考虑，而可以着眼于数百维甚至数千维，以调整和定位业务绩效。借助这种程度的多维分析，企业可以按具体地理位置（如城市或邮编）、产品、生产商、促销、价格、一天的特定时间或一周的具体一天等找出业务推动因素。借助这种级别的粒度分析，可以大幅度提高本地业务绩效。②从海量数据中找出足够多的“小”钻石，为企业带来实质性的效益。

第四，实现低延迟数据访问和决策制订。①挖掘连续数据馈入（细流馈入）以提供低延迟运营报告和分析。业务事件（如证券交易）和买入卖出决策之间的时间显著缩短。从华尔街算法交易的回升，可以明显看出这种低延迟决策的影响。在电子金融市场，算法交易是指使用计算机程序来输入交易订单，由计算机算法决定时间、价格或订单数量等订单参数，或在很多情况下无须人工干预即下订单。②低延迟数据访问使得“及时”的动态决策成为可能。例如，在营销活动期间，营销活动经理可在绩效最佳或转换最佳的网站及关键字组合之间重新分配在线活动预算。

（3）全方位、遍布式、协作性用户体验。业务用户对数据、图表和报告选项的需求已然饱和，无论如何优雅地推出它们，也不再需要更多了。业务用户需要的是一种能利用分析为其业务找出并提供可操作的实质性价值的解决方案。

第一，实现直观和全方位的用户体验。①用户体验可以利用分析工具更多地在幕后进行繁重的数据分析，界面不必呈现日益复杂的报告、图表和表格，相反，可以更加直观地为用户提供了解业务所需的洞察；②根据源于数据的洞察，用户体验可以根据具体的建议操作，而识别相关内容和可操作建议的复杂工作就交给分析工具完成。例如，有这样一个营销活动界面：它从影响营销活动绩效的众多变量中进行提纯，只显示那些可进行实质性操作的变量。再想象一下，如果这个用户界面不仅只显示这些变量，还提供一些可改进动态营销活动绩效的建议，那么这种用户体验一定会是大多数用户更愿意接受的。

第二，利用协作本性。协作是分析和决策流程的一个自然部分，类似于用户快速聚集成小团体，就特定主题领域分享经验。例如，如果某家大型包装消费品公司的所有品牌经理都能创建这样一个社区，在里面可以轻松分享和探讨数据、信息和品牌管理洞察，这将形成一股巨大力量。通过共享结果数据和分析，对其中一个品牌有效的营销活动可被其他品牌快速复制和扩展。

第三，支持新的业务应用程序。①根据业务优先级按需调配和再分配大量计算资源的敏捷性；②分析更细粒度、多样化、低延迟的数据集，同时保持数据细微差别和关系的能力，这一能力带来了有区分的洞察，帮助实现优化的业绩绩效；③就关键业务计划跨组织协作，以及快速宣传最佳实践和有组织的发现；④成本优势，利用廉价的处理组件分析大数据以抓住和挖掘商机，而之前就算能做到也不是采用具有成本效益的方式。

理想的分析平台带来了可大规模扩展的处理能力、挖掘细粒度数据集的能力、低延迟数据访问，以及数据仓库与分析之间的紧密集成。如果正确认识和部署，这种平台可用于解决之前无从着手的棘手业务问题，并为业务带来可操作的实质性洞察。

（二）数据挖掘技术

数据挖掘这一术语所指的范围非常广泛，从即席式查询、基于规则的通知或透视图分析到政府监听计划。数据挖掘是一个过程，使用自动方法分析数据，以便找到隐藏的模式。提到数据挖掘时，常常使用其他术语，如机器学习、数据库中的知识发现（KDD）或者预测分析等。虽然这些术语的含义稍有不同，但它们互相重叠，在功能上完全等价于数据挖掘。

1. 概念界定

数据挖掘，简单地说是从大量的数据中“挖掘”出知识；更准确地说是在数据中的知识挖掘。“挖掘”这个词体现了从原始材料中找到有价值内容的过程。数据挖掘也被认为是一门交叉学科，其中涉及统计学、人工智能和数据库系统的知识，是一种通过数理模式来分析企业内储存的大量资料，以找出不同的客户或市场划分，分析出消费者喜好和行为的方法。它是数据库知识发现中的一个步骤。

数据挖掘是从大量的数据中自动搜索隐藏于其中的有着特殊关系性的信息的过程。主要有数据准备、规律寻找和规律表示三个步骤。数据挖掘的任务有关联分析、聚类分析、分类分析、异常分析、特异群组分析和演变分析等。数据挖掘通常与计算机科学有关，并通过统计、在线分析处理、情报检索、机器学习、专家系统（依靠过去的经验法则）和模式识别等诸多方法来实现上述目标。

根据摩尔定律①，在过去的若干年中，计算机的功能呈指数级增长。但硬盘驱动器容量的增长速度远大于处理器的处理能力，二者的增长不属于一个数量级，存储数据的能力大大超过了处理数据的能力。大量的数据被生成并存储在数据库中。这些数据大部分来自

---

① 摩尔定律是英特尔创始人之一戈登·摩尔的经验之谈，其核心内容为：集成电路上可以容纳的晶体管数目在大约每经过 18 个月到 24 个月便会增加一倍。换言之，处理器的性能大约每两年翻一倍，同时价格下降为之前的一半。

商业软件，例如金融应用程序、企业资源管理系统、客户关系管理系统及 Web 服务器的服务器日志，甚至来自托管数据的数据库服务器。不停地收集数据的结果是组织机构变得数据丰富而知识贫乏。收集的数据变得如此之多，以至于对存储的数据的实际利用开始受到限制。数据挖掘的主要目的是从已有数据中提炼知识，这就提高了已有数据的内在价值，并且使数据成为有用的东西。

数据挖掘将算法（比如决策树、聚类、关联和时序算法等）应用到某一数据集，然后分析该数据集的内容。这种分析能挖掘出模式，这些模式含有有价值的信息。根据所使用的基本算法，这些模式可以是决策树、规则、聚类或者简单的数学公式。在模式中发现的信息可用作市场策略的指导，它对于预测来说非常重要。对于数据挖掘系统提出的每一个问题，都可能涉及很多任务。有时解决方案显而易见，只涉及单一任务的应用；有时就需要研究并整合多个任务，才能得到解决方案。

2. 高级分析方法

了解基于数据挖掘和机器学习理论的高级分析方法，将有助于研究分析需求，以及基于业务目标、初始假设和数据结构与数量来选择合适的技术。模型规划是基于问题确定合适的分析方法，它依赖于数据的类型和可用的计算资源。

（1）分类。分类是指把每个事例分成多个类别的行为，每个事例包含一组属性，其中有一个属性是类别（Class）属性。分类任务要求找到一个模型，该模型将类别属性定义为输入属性的函数。分类模型将使用事例的其他属性（输入属性）来确定类别的模式（输出属性）。有目标的数据挖掘算法称为有监督的算法。典型的分类算法有决策树算法、神经网络算法和贝叶斯算法。

分类是最常见的数据挖掘任务之一，如客户流失分析、风险管理和广告定位之类的商业问题通常会涉及分类。

（2）聚类分析。聚类分析也称为细分，它基于一组属性对事例进行分组，用来在数据集中找到相似群组的一种常用方法，其中“相似”的定义视具体问题而定。另外，还需要提及的是“无监督”概念，它是指在没有分类标签的数据中寻找内在的关联。K-means 聚类及关联规则挖掘都属于无监督学习，即没有预测阶段。

在聚类分析中，所有的输入属性都平等对待。大多数聚类算法通过多次迭代来构建模型，当模型收敛时算法停止，当细分的边界变得稳定时算法停止。

K-means 是聚类分析的经典算法之一，主要是作为一种探索式的技术，用来发现之前没有被注意到的数据结构。尽管在聚类中记录的类别不是已知的，但是聚类可以用来探索数据的结构，总结类群的属性特征。当维度比较低时，可以可视化类群，但随着维度的增加，可视化类群就越来越困难。K-means 聚类有很多应用，包括模式识别、人工智能、图像处理和机器视觉等。

利用 Map Reduce 计算模型，可以把 K-means 应用到大数据中进行数据挖掘。Map Reduce 形式的 K-means 很简单，每执行一次 Map Reduce 作业时，重新迭代计算中心点，直到中心点不再改变为止。

（3）关联规则。关联规则是另外一种无监督学习的方法，同样没有“预测”过程，主要用于发现数据之间的联系。关联也称购物篮分析。一个典型的关联商业问题是分析销售事务表，并且识别经常在同一个购物篮中出现的那些商品。关联通常用于确定常见的物品集和规则集，以达到交叉销售的目的。

就关联而言，每一条信息都可以认为是一个物品。关联任务有两个目标：找出经常一起出现的那些物品，并从中确定关联规则。典型的应用场景有两个：①哪些商品通常会被一同购买；②喜欢购买了这个产品的顾客会倾向于喜欢购买哪些其他产品。

关联规则挖掘的目标是寻找数据之间“有价值”的关联。“有价值”取决于用来挖掘的算法。关联规则的表达形式是，当点击购买产品 X 时，也倾向于点击/购买产品 Y。在这个过程中，有两个关键阈值用来评估关联规则的重要度，即支持度和置信度。

（4）回归分析。回归任务类似于分类任务，但它不是查找描述类的模式，其目的是查找模式以确定数值。简单的线性拟合技术就是回归的一个例子，其结果是一个函数，可以根据输入的值来确定输出。更高级的回归形式支持分类输入及数值输入，回归使用的最流行的技术是线性回归和逻辑回归。回归分析能解决许多商业问题，例如，根据债券的面值、发行方式、发行数量和发行季节，可以预测它的赎回率，或者根据温度、大气压力和湿度，可以预测风速。回归关注的是输入变量和结果之间的关系，回归这种现象是拥有较高高度的祖先的后代往往回归到正常的平均水平。具体地说，回归分析有助于了解一个目标变量如何随着属性变量的变化而变化。回归分析的结果可以是连续的或离散的，如果是离散的，还可以预测各个离散值产生的概率。

①线性回归。线性回归是回归分析中的一种，是统计学的一种常用方法，它的主导思想是利用预定的权值将属性进行线性组合来表示类别。前面介绍的关联规则分析适用于处理离散型数据，如电子商务交易记录等，但不适用于处理数值型的连续数据。而线性回归正是适合处理数值型的连续数据。线性回归是一个出色、简单、适用于处理数值型连续数据预测的方法，在统计应用领域得到了广泛应用。线性回归也存在缺陷，如果数据呈现非线性关系，线性回归将只能到一条“最适合”（最小均方差）的直线。线性模型也是学习其他更为复杂模型的基础。

②逻辑回归。逻辑回归是用来预估一个事件发生的概率的模型，逻辑回归也可以被看成一个分类器，以概率最高的类别来预测。在逻辑回归中，输入变量既可以是连续的，也可以是离散的。逻辑回归是在处理一些二元分类问题时的首选方法，例如：真/假、批准/拒绝、有回应/无回应、购买/不购买等。如果不仅仅对预测类感兴趣，而且对某一类事件发生的概率也感兴趣，是特别适合的。

③朴素贝叶斯。分类问题中的主要任务是预测目标所属的类别，与聚类不同的是，这里的类别的种类是事先已经定义好的。朴素贝叶斯分类器是一个简单的基于贝叶斯理论的概率分类器，朴素贝叶斯分类器假设属性之间相互独立。或者说，一个朴素贝叶斯分类器假设某个类的特征的出现与其他特征没有关系。虽然这个假设在实际应用中往往是不成立的，但朴素贝叶斯分类器依然有着坚实的数学基础和稳定的分类效率。例如，一个物体可以依据它的形状、大小和颜色等属性被分类成某个类别，即使这些属性之间互相存在依赖关系，朴素贝叶斯分类器也会认为所有的属性之间是无关的。根据概率模型的特征，朴素贝叶斯分类器可以在有监督的环境下有效地进行训练。在朴素贝叶斯模型中，通常输入变量都是离散型的，也有一些算法的变种用来处理连续型变量。算法的输出是概率的打分，通常为0~1，可以根据概率最高的类来做预测。贝叶斯定理是朴素贝叶斯模型的基础，是以英国数学家贝叶斯的名字命名的，贝叶斯定理用来描述两个条件概率之间的关系。

④决策树。决策树是一种常见且灵活的用来开发数据挖掘应用的方法。分类树用于将要预测的数据划分到同质的组中（分配类标签），通常应用于二分或多类别的分类。回归树是回归的变种，通常每个结点返回的是目标变量的平均值。回归树通常被应用于连续型数据的分类，如账户支出或个人收入。决策树的输入值可以是连续的，也可以是离散的，输出是一个用来描述决策流程的树状模型。决策树的叶子结点返回的是类标签或者类标签的概率分数。理论上，决策树可以被转换成类似上文关联规则中的规则。因为决策树可以应用到不同的情境中，所以应用很广泛。决策树的分类规则也很直接，结果容易被可视化展现。因为决策树的决策结果是一系列的“如果……就……”表达式，所以决策树的模型中没有隐含的假设，例如，依赖变量和目标变量之间的线性或非线性关系。

⑤随机森林。在分布式环境中，通常结点要独立地进行计算，且分布式环境中最稀缺的资源是网络。在这样的情况下，训练一个决策树是比较困难的，一种更好的办法是利用集成学习的方法。对于决策树，可以在分布式环境中独立地训练多个决策树，利用多个决策树来分类，最后把结果聚集起来。利用多个决策树来分类的方法称为随机森林。随机森林是一个包含多个决策树的分类器，其输出的类别由树输出的类别的众数而定。为了构建多个不同的决策树，随机森林采用从数据中随机抽样的方法。

（5）预测。预测也是一种重要的数据挖掘任务。预测技术采用数列作为输入，表示一系列时间值，然后运用各种能处理数据周期性分析、趋势分析和噪声分析的计算机学习和统计技术来估算这些序列未来的值。

（6）序列分析。序列分析用来发现一系列事件中的模式，这一系列事件称为序列。例如，DNA 序列是由 A、G、C 和 T 四种不同的状态组成的长序列，Web 点击序列包含一系列 URL 地址等；在某些情况下，客户购买商品的次序也可以建模为序列数据。序列数据和时间序列数据的相似之处在于它们都包含连续的观察值，这些观察值是有次序的。它们的区别是时间序列包含数值型数据，而序列包含离散的状态。

（7）偏差分析。偏差分析是为了找出一些特殊的事例，这些事例的行为与其他事例有明显的不同。偏差分析的应用范围很广，最常见的应用是信用卡欺诈行为检测，但是从数百万个事例中鉴别出异常情况是非常困难的；其他的应用包括网络入侵检测、劣质产品分析等。

目前没有标准的偏差分析技术，一般情况下，分析员利用决策树算法、聚类算法或者神经网络算法来解决这类问题。

二、数据可视化技术分析

数据可视化是对数据的视觉表现的研究，这种数据的视觉表现形式被定义为一种以某种概要形式抽提出来的信息，包括相应信息单位的各种属性和变量。数据可视化的主要目的是通过图像清楚有效地传播信息。为了有效地传递思想，美观的形式与功能性需要密切关联，通过一种更直观的方式传播关键部分，提供对相当分散和复杂的数据集的洞悉。

数据可视化的设计简化为四个级联的层次：第一层刻画真实用户的问题，称为问题刻画层；第二层是抽象层，将特定领域的任务和数据映射到抽象且通用的任务及数据类型；第三层是编码层，设计与数据类型相关的视觉编码及交互方法；第四层的任务是创建正确完整系统设计的算法。各层之间是嵌套的，上游层的输出是下游层的输入。

（一）数据可视化的类型划分

数据可视化的处理对象是数据。自然地，数据可视化包含处理科学数据的科学可视化与处理抽象、非结构化信息的信息可视化两个分支。科学可视化研究带有空间坐标和几何信息的三维空间测量数据等，重点探索如何有效地呈现数据中几何、拓扑和形状特征。信息可视化的处理对象则是非结构化、非几何的抽象数据，如金融交易、社交网络和文本数据，其核心挑战是如何针对大尺度高维数据减少视觉混淆对有用信息的干扰。由于数据分析的重要性，将可视化与分析进行结合，形成一个新的学科——可视分析学。科学可视化、信息可视化和可视分析学这三个学科方向通常被看成可视化的三个主要分支。

1. 科学可视化

科学可视化是可视化领域最早、最成熟的一个跨学科研究与应用的领域。面向的领域主要是自然科学，如物理、化学、气象气候、航空航天、医学、生物学等各个学科，这些学科通常需要对数据和模型进行解释、操作与处理，旨在寻找其中的模式、特点、关系以及异常情况。

科学可视化的基础理论与方法已经相对成形，早期的关注点主要在于三维真实世界的物理化学现象，数据通常表达在三维或二维空间，或包含时间维度。鉴于数据的类别可分为标量（密度、温度）、向量（风向、力场）、张量（压力、弥散）三类，科学可视化也可粗略地分为三类：标量场可视化、向量场可视化和张量场可视化。

2. 信息可视化

信息可视化处理的对象是抽象的、非结构化的数据集合（如文本、图表、层次结构、地图、软件、复杂系统等）。传统的信息可视化起源于统计图形学，又与信息图形、视觉设计等现代技术相关，其表现形式通常在二维空间，因此关键问题是在有限的展现空间中以直观的方式传达大量的抽象信息。

与科学可视化相比，信息可视化更关注抽象、高维数据。此类数据通常不具有空间中位置的属性，因此要根据特定数据分析的需求，决定数据元素在空间的布局。

3. 可视分析学

可视分析学是一门以可视交互界面为基础的分析推理科学，它综合了图形学、数据挖掘和人机交互等技术，以可视交互界面为通道，将人的感知和认知能力以可视的方式融入数据处理过程，实现人脑智能和机器智能优势互补和相互提升，建立螺旋式信息交流与知识提炼途径，完成有效的分析推理和决策。

可视分析学可看成将可视化、人的因素和数据分析集成在内的一种新思路。其中，感知与认知科学研究人在可视分析学中的重要作用；数据管理和知识表达是可视分析构建数据到知识转换的基础理论；地理分析、信息分析、科学分析、统计分析、知识发现等是可视分析学的核心分析论方法。在整个可视分析过程中，人机交互必不可少，可用于驾驭模型构建、分析推理和信息呈现等整个过程。可视分析流程中推导出的结论与知识最终需要向用户表达、作业和传播。

可视分析学是一门综合性学科，与多个领域相关：在可视化方面，有信息可视化、科学可视化与计算机图形学；与数据分析相关的领域包括信息获取、数据处理和数据挖掘；而在交互方面，则有人机交互、认知科学和感知等学科融合。

（二）数据可视化的核心要素

科学可视化和信息可视化分别设计了可视化流程的参考体系结构模型，并被广泛应用于数据可视化系统中。可视分析学的基本流程是通过人机交互将自动数据挖掘方法和可视分析方法紧密结合，可视分析流水线的起点是输入的数据，终点是提炼的知识。从数据到知识有两个途径：交互的可视化方法和自动的数据挖掘方法。两个途径的中间结果分别是对数据的交互可视化结果和从数据中提炼的数据模型。用户既可以对可视化结果进行交互的修正，也可以调节参数以修正模型。数据可视化流程中的核心要素包括以下三个方面。

1. 数据表示与转换

数据可视化的基础是数据表示与转换，为了允许有效地可视化、分析和记录，输入数据必须从原始状态转换到一种便于计算机处理的结构化数据表示形式。通常这些结构存在于数据本身，需要研究有效的数据提炼或简化方法以最大限度地保持信息和知识的内涵及相应的上下文。有效表示海量数据的主要挑战在于采用具有可伸缩性和扩展性的方法，以便保持数据的特性和内容。

此外，将不同类型、不同来源的信息合成一个统一的表示，使得数据分析人员能及时地聚焦于数据的本质，这也是研究的重点。

2. 数据的可视化呈现

将数据以一种直观、容易理解和操纵的方式呈现给用户，需要将数据转换为可视表示。数据可视化向用户传播了信息，而同一个数据集可能对应多种视觉呈现形式，即视觉编码，数据可视化的核心内容是从巨大的呈现多样性的空间中选择最合适的编码形式。判断某个视觉编码是否合适的因素包括感知与认知系统的特性、数据本身的属性和目标任务。

大量的数据采集通常是以流的形式实时获取的，针对静态数据发展起来的可视化显示方法不能直接拓展到动态数据。这不仅要求可视化结果有一定的时间连贯性，还要求可视化方法达到高效以便给出实时反馈。因此，不仅需要研究新的软件算法，还需要更强大的计算平台（如分布式计算或云计算）、显示平台（如 1 亿像素显示器或大屏幕拼接）和交互模式（如体感交互、可穿戴式交互）。

3. 用户交互

对数据进行可视化和分析的目的是解决目标任务，有些任务可明确定义，有些任务则更广泛或者一般化。通用的目标任务可分成三类：生成假设、验证假设和视觉呈现。数据可视化可以用于从数据中探索新的假设，也可以证实相关假设与数据是否吻合，还可以帮助数据专家向公众展示其中的信息。交互是通过可视的手段辅助分析决策的直接推动力。

有关人机交互的探索已经持续很长时间，但智能、适用于海量数据可视化的交互技术，如任务导向的、基于假设的方法还是一个未解难题，其核心挑战是新型的可支持用户分析决策的交互方法。这些交互方法涵盖底层的交互方式与硬件、复杂的交互理念与流程，还需要克服不同类型的显示环境和不同任务带来的可扩充性难点。

（三）可视化中的数据与图表

1. 数据

人们对数据的认知一般都经过从数据模型到概念模型的过程，最后得到数据在实际中的具体语义。

数据模型是对数据的底层描述及相关的操作。在处理数据时，最初接触的是数据模型。例如，一组数据为 7.8，12.5，14.3，…，首先被看作一组浮点数据，可以应用加、减、乘、除等操作；另一组数据为白、黑、黄……，则被视为一组根据颜色分类的数据。

概念模型是对数据的高层次描述，对应于人们对数据的具体认知。在对数据进行进一步处理之前，需要定义数据的概念和它们之间的联系，同时定义数据的语义和它们所代表的含义。例如，对于 7.8，12.5，14.3，…，可以从概念模型出发定义它们是某天的气温值，从而赋予这组数据特别的语义，并进行下一步的分析（如统计分析一天中的温度变化）。概念模型的建立与实际应用紧密相关。

根据数据分析的要求，不同的应用可以采用不同的数据分类方法。例如，根据数据模型，数据可以分为浮点数、整数、字符等；根据概念模型，可以定义数据所对应的实际意义或者对象，如汽车、摩托车、自行车等分类数据。在科学计算中，通常根据测量标度将数据分为四类：类别型数据、有序型数据、区间型数据和比值型数据。

2. 图表

统计图表是最早的数据可视化形式之一，作为基本的可视化元素，其仍然被非常广泛地使用。对于很多复杂的大型可视化系统来说，这类图表更是作为基本的组成元素而不可缺少，下面将介绍一些基本图表及其属性和适用的场景。

（1）柱状图。柱状图是一种以长方形的长度为变量的表达图形的统计报告图，由一系列高度不等的纵向条纹表示数据分布的情况，用来比较两个或两个以上的数值（不同时间或者不同条件），只有一个变量，通常用于较小的数据集分析。柱状图亦可横向排列，或用多维方式表达。

（2）直方图。直方图是对数据集的某个数据属性的频率统计，对于单变量数据，其取值范围映射到横轴，并分割为多个子区间。每个子区间都用一个直立的长方块表示，高度正比于该属性值子区间的数据点的个数。直方图可以呈现数据的分布、离群值和数据分布的模态。直方图的各个部分之和等于一个单位整体，而柱状图的各个部分之和没有限制，这是两者的主要区别。

（3）饼图。饼图采用饼干的隐喻，用环状方式呈现各分量在整体中的比例，这种分块方式是环状树图等可视表达的基础。

（四）可视化中的交互技术

1. 交互技术的作用

数据可视化系统除了视觉呈现部分，另一个核心要素是用户交互，交互是用户通过与系统之间的对话和互动来操纵与理解数据的过程。无法互动可视化的方式，例如静态图片和自动播放的视频，虽然在一定程度上能帮助用户理解数据，但其效果有一定的局限性。特别是当数据尺寸大、结构复杂时，有限的可视化空间大大地限制了静态可视化的有效性。即使用户在解读一个静态的信息图海报时，也常常会靠近或者拉远，甚至旋转海报以便理解，这些动作相当于用户的交互操作。具体而言，交互在如下两个方面让数据可视化更有效。

（1）缓解有限的可视化空间和数据过载之间的矛盾。这个矛盾表现在两个方面：有限的屏幕尺寸不足以显示海量的数据；常用的二维显示平面也对复杂数据的可视化提出了挑战，例如多维度数据。交互可以帮助拓展可视化中信息表达的空间，从而解决有限的空间与数据量和复杂度之间的差距。

（2）交互能让用户更好地参与对数据的理解和分析，特别是对于可视分析系统来说，其目的不是向用户传递定制好的知识，而是提供工具和平台来帮助用户探索数据，分析数据价值，得出结论。在这样的系统中，交互是必不可少的。

事实上，组成可视化系统的视觉呈现和交互两部分在实践中是密不可分的。无论哪一种交互技术，都必须和相应的视图结合在一起才有意义，许多交互技术是专门设计并服务于特定视图的，帮助用户理解特定数据。为使读者更好地理解和使用交互技术，接下来对常用的几种交互技术进行介绍。

2. 交互技术的任务

从设计可视化系统的角度出发，研发人员通常根据整个系统要完成的用户任务来选择交互技术。对于不同的应用领域，可视化要完成的任务和达到的目的也不同。一个比较全面的分类包括如下七大类的交互任务。

（1）选择。当数据以纷繁复杂多变之姿呈现在用户面前时，此种方式能使用户标记其感兴趣的部分以便跟踪变化情况。

（2）导航。导航是可视化系统中最常见的交互手段之一。当可视化的数据空间较大时，可通过缩放、平移、旋转这三种操作对空间的任意位置进行检索，展示不一样的信息。

（3）重配。为用户提供观察数据的不同视角，常见的方式有重组视图、重新排列等，克服由于空间位置距离过大导致的两个对象在视觉上关联性降低的问题。

（4）编码。交互式地改变数据元素的可视化编码，如改变颜色、更改大小、改变方向、更改字体、改变形状等，或者使用不同的表达方式以改变视觉外观，可以直接影响用户对数据的认知，从而使用户更深刻地理解数据。

（5）抽象/具象。此交互技术可以为用户提供不同细节等级的信息，用户可通过交互控制显示更多或更少的数据细节。例如上卷下钻技术，可以达到浏览各个层次级别细节信息的目的。

（6）过滤。通过设置约束条件实现信息查询，通过用户输入的关键词呈现给用户相应的过滤结果，动态实时地更新过滤结果，以达到过滤结果对条件的实时响应，从而加速信息获取效率。

（7）关联。此技术被用于高亮显示数据对象间的联系，或者显示与特定数据对象有关的隐藏对象，可以对同一数据在不同视图中采用不同的可视化表达，也可以对不同但相关联的数据采用相同的可视化表达，让用户可以在不同的角度和不同的显示方式下观察数据。

（五）数据可视化的实现工具

数据可视化旨在借助图形化手段，清晰有效地传达与沟通信息，可以将数据的各个属性以多维数据的形式表示，使用户可以从不同的维度观察数据，从而对数据进行更深入的观察和分析。下面主要介绍实现数据可视化的常用工具。

1. ECharts

ECharts 是一个使用 JavaScript 实现的开源可视化库，可以流畅地运行在 PC 和移动设备上，供给直观，交互丰富，可高度个性化定制的数据可视化图表。

ECharts 可以提供常规的折线图、柱状图、散点图、饼图、K 线图，用于统计的盒形图，用于地理数据可视化的地图、热力图、线图，用于关系数据可视化的关系图、treemap、旭日图，用于多维数据可视化的平行坐标，还有用于 BI 的漏斗图、仪表盘，并且支持图与图之间的混搭。除了已经内置的包含了丰富功能的图表，ECharts 还提供了自定义系列，只需要传入一个 renderitem 函数，就可以从数据映射到任何用户想要的图形，这些都还能和已有的交互组件结合使用，而不需要操心其他事情。

（1）ECharts 的适用场景。

第一，基于业务系统或大数据系统完成数据处理/分析后的结果数据展现。

第二，在 Web 页面嵌入 HTML 及 JS 的应用。

第三，拥有丰富的图例和在线示例教程。

第四，同类的 D3.js 等有相应功能，在特殊可视化需求中，还可以进一步考虑 3D 呈现的 three.js、地图数据呈现的 Datamaps.js 等。

（2）ECharts 的使用教程。

第一，获取 ECharts。ECharts 的获取方式：①从官网下载界面选择需要的版本下载，根据开发者功能和存储空间上的需求，官网提供了不同打包的下载，如果用户在存储空间上没有要求，可以直接下载完整版本。开发环境建议下载源代码版本，其包含了常见的错误提示和警告；②在 ECharts 的 GitHub 上下载最新的 release 版本，在解压出来的文件夹的 dist 目录里可以找到最新版本的 ECharts 库；③通过 npm 获取 echarts、npm install echarts-save；④引入 cdn，用户可以在 cdn js、npmcdn 或者国内的 bootcdn 上找到 ECharts 的最新版本。

第二，引入 ECharts。ECharts 的引入方式十分简便，只需要像普通的 JavaScript 库一样用 Script 标签引入。

第三，绘制一个简单的图表：①在绘图前为 ECharts 准备一个具备宽高的 DOM 容器；②通过 echarts.init 方法初始化一个 ECharts 实例并通过 setOption 方法生成一个简单的柱状图。

2. Plotly

Plotly 是一个非常著名且强大的开源数据可视化框架，它通过构建基于浏览器显示的 Web 形式的可交互图表来展示信息，可创建多达数十种精美的图表和地图，可以供 JS、Python、R、DB 等使用，下面以 Python 为开发语言，以 jupyter notebook 为开发工具，详细介绍 Plotly 的基础内容。

（1）Plotly 的绘图方式。Plotly 绘图模块库支持的图形格式有很多，其绘图对象主要包括：①Angularaxis（极坐标图表）；②Area（区域图）；③Bar（条形图）；④Box（盒形图，又称箱线图、盒子图、箱图）；⑤Candlestick 与 OHLC（金融行业常用的 K 线图与 OHLC 曲线图）；⑥ColorBar（彩条图）；⑦Contour（轮廓图，又称等高线图）；⑧Line（曲线图）；⑨Heatmap（热点图）。

在 Plotly 中绘制图像有在线和离线两种方式，在线绘图需要注册账号并获取 API key，较为麻烦。离线绘图有 plotly.offline.plot（）和 plotly.offline.iplot（）两种方式，前者是以离线的方式在当前工作目录下生成 HTML 格式的图像文件，并自动打开；后者是在 jupyter notebook 中专用的方法，即将生成的图形嵌入 ipynb 文件中，这里采用后一种方式。

plotly.offline.iplot（）的主要参数如下：

①figure_or_data：传入 plotly.graph_objs.Figure、plotly.graph_objs.Data、字典或列表构成的、能够描述一个 graph 的数据。

②show_link：bool 型，用于调整输出的图像是否在右下角带有 plotly 的标记。

③link_text：str 型输入，用于设置图像右下角的说明文字内容（当 show_link = True 时），默认为“Export to plot，ly”。

④image：str 型或 None，控制生成图像的下载格式，有 png、jpeg、svg、webp 等，默认为 None，即不会为生成的图像设置下载格式。

⑤filename：str 型，控制保存的图像的文件名，默认为“plot”。

⑥image_height：int 型，控制图像高度的像素值，默认为 600。

⑦image_width：int 型，控制图像宽度的像素值。

（2）定义 graph 对象。Plotly 中的 graph_objs 是 Plotly 下的子模块，用于导入 Plotly 中的所有图形对象，在导入相应的图形对象之后，便可以根据需要呈现的数据和自定义的图形规格参数来定义一个 graph 对象，再输入 plotly. offline. iplot（）中进行最终的呈现。

（3）构造 traces。根据绘图需求从 graph_objs 中导入相应的 obj 之后，接下来的事情是基于待展示的数据，为指定的 obj 配置相关参数，这在 Plotly 中称为构造 trace。一张图中可以叠加多个 trace。

（4）定义 Layout。在 Plotly 中图像的图层元素与底层的背景、坐标轴等是独立开来的，在通过前面介绍的内容，定义好绘制图像需要的对象之后，就可以直接绘制了，但如果想要在背景图层上有更多自定义内容，就需要定义 Layout 对象，其主要参数如下。

第一，文字。文字是一幅图中十分重要的组成部分。Plotly 强大的绘图机制为一幅图中的文字进行了细致的划分，可以非常有针对性地对某一个组件部分的字体进行个性化的设置。

全局文字。①font：字典型，用于控制图像中全局字体的部分；②family：str 型，用于控制字体，默认为 Open Sans，可选项有 verdana、arial、sans-serif 等，具体可参考官网说明文档；③size：int 型，用于控制字体大小，默认为 12；④color：str 型，传入十六进制色彩，默认为“#444”。

标题文字。①title：str 型，用于控制图像的主标题；②titlefont：字典型，用于独立控制标题字体的部分；③family：同 font 中的 family，用于单独控制标题字体；④size：int 型，控制标题的字体大小；⑤color：同 font 中的 color。

第二，坐标轴。①xaxis（yaxis）：字典型，控制横坐标（纵坐标）的各属性。例如 color，str 型，传入十六进制色彩，控制横坐标上所有元素的基础颜色；②title：str 型，设置坐标轴上的标题；③type：str 型，用于控制横坐标轴类型。“-”表示根据输入数据自适应调整，“linear”表示线性坐标轴；log 表示对数坐标轴；date 表示日期型坐标轴；category 表示分类型坐标轴，默认为“-”。

第三，图例。①showlegend：bool 型，控制是否绘制图例；②legend：字典型，用于控制与图例相关的所有属性的设置，包括图例背景颜色、图例边框的颜色、图例文字部分的字体等。

第四，其他。①width：int 型，控制图像的像素宽度，默认为 700；②height：int 型，控制图像的像素高度，默认为 450；③margin：字典型输入，控制图像边界的宽度等。

◇ 第三节 大数据数据库技术分析

一、大数据数据库技术的发展阶段

数据库技术从“理论研究”到“原型开发和技术攻关”，再到“实际产品研制和应用”，已经形成良性循环，成为计算机领域的成功典范。吸引了学术界和工业界众多的科技人员，使得数据库研究日新月异，新技术、新系统层出不穷，科技队伍也不断壮大。

数据库技术产生于 20 世纪 60 年代中期，到今天为止已经有 50 多年的历史，却已经历了三代演变，造就了巴赫曼（C. W. Bachman）、科德（E. F. Codd）和詹姆斯·格雷（James Gray）三位图灵奖得主，发展为以数据建模和 DBMS 核心技术为主，内容丰富的一门学科，带动了一个巨大的软件产业 DBMS 产品及其相关工具和解决方案。数据库技术是计算机科学技术中发展最快的领域之一，也是应用最广的技术之一。目前，它已成为计算机信息系统与应用系统的核心技术和重要基础。

当今，数据库系统是一个大家族，数据模型丰富多样，新技术内容也层出不穷，应用领域日益广泛，当读者步入数据库领域时，面对众多复杂的数据库系统难免产生迷惑和混乱。数据模型是数据库系统的核心和基础。按照数据模型的进展，数据库技术可以相应地分为三个发展阶段，即第一代的网状、层次数据库系统，第二代的关系数据库系统，以及发展到今天以第三代数据库系统为核心的数据库大家族。虽然数据库系统模型分为层次模型和网状模型，但实质上层次模型是网状模型的特例，它们都是格式化模型。它们从体系结构、数据库语言到数据存储管理均具有共同特征，是第一代数据库系统。

（一）第一代数据库系统

第一代数据库系统指层次模型和网状数据库系统，其代表系统包括：①1969 年由 IBM 公司研制的层次模型的数据库管理系统 IMS（Information Management System）。②美国数据库系统语言协商会 CODASYL（Conference On Data System Language）下属的数据库任务组 DBTG（Data Base Task Group）——DBTG 对数据库方法进行了系统的研究和探讨，于 20 世纪 60 年代末 70 年代初提出了若干报告，称为 DBTG 报告。DBTG 报告确定并建立了数据库系统的许多概念、方法和技术。DBTG 所提议的方法是基于网状结构的，它是数据库网状模型的典型代表。

层次数据库是数据库系统的先驱，而网状数据库则是数据库概念、方法、技术的奠基者。它们是数据库技术中研究得最早的两种数据库系统。两者的区分以数据模型作为基础：层次数据库的数据模型是分层结构的，而网状数据库的数据模型是网状的，它们的数据结构都可以用图来表示。层次数据模型对应于有根定向有序树，而网状模型对应的是有向图。所以，这两种数据模型可以统称为格式化数据模型。

这两种数据库系统具有以下四个共同点。

（1）支持三级模式的体系结构。三级模式通常指外模式、模式、内模式。模式之间具有转换（或称为映射）功能。

（2）用存取路径来表示数据之间的联系。这是数据库系统和文件系统的主要区别之一。数据库不仅存储数据，而且存储数据之间的联系。数据之间的联系在层次和网状数据库系统中都是用存取来表示和实现的。

（3）独立的数据定义语言。层次数据库系统和网状数据库系统有独立的数据定义语言，用以描述数据库的外模式、模式、内模式以及相互映射。各个模式一经定义，就很难修改。

（4）导航的数据操纵语言。层次和网状数据库的数据查询和数据操纵语言是一次一个记录的导航式的过程化语言。这类语言通常嵌入某一种高级语言，如 COBOL、FORTRAN、C 语言。

所谓导航，就是指用户不仅要了解“干什么”，而且要指出“怎么干”。用户必须使用某种高级语言编写程序，一步一步地“引导”程序按照数据库中某一条预先定义的存取路径来访问数据库，最终达到要访问的数据目标。在访问数据库时，每次只能存取一条记录值。导航式的数据操纵语言，优点是存取效率高，缺点是编程烦琐，给用户编写应用程序带来了困难。其设计在很大程度上依赖于设计者自己的经验和实践，因而只有具有计算机专业水平的应用程序员才能掌握和使用这类数据库操纵语言。此外，应用程序的可移植性较差，数据的逻辑独立性也较差。

（二）第二代数据库系统

支持关系数据模型的关系数据库系统，是第二代数据库系统。

20 世纪 70 年代是关系数据库理论研究和原型开发的时代，人们经过大量的高层次的研究和开发取得了一定成果：①奠定了关系模型的理论基础，给出了人们一致接受的关系模型的规范说明。②研究了关系数据语言，包括关系代数、关系演算、SQL 及 QBE 等。这些描述性语言一改以往程序设计语言和网状、层次数据库系统中数据库语言的风格，以其易学易懂的优点得到了最终用户的喜爱，为 20 世纪 80 年代数据库语言的标准化打下了基础。③研制了大量的 RDBMS 的原型，攻克了系统实现中查询优化、并发控制、故障恢复等一系列关键技术。这不仅大大丰富了 DBMS 实现技术和数据库理论，更促进了 RDBMS 产品的蓬勃发展与广泛应用。

在 20 世纪 70 年代，关系数据库系统从实验室走向了社会，因此，在计算机领域把这一年代称为数据库时代。在接下来的 20 世纪 80 年代，几乎所有新开发的 DBMS 均是关系数据库。关系数据库是以关系模型为基础的。关系模型概括地讲由以下三部分组成。

（1）数据结构。数据结构包括域及域上定义的关系等。关系模型中，实体、实体与实体之间的联系都通过关系这种单一的结构类型来表示。

（2）关系操作。关系操作的能力可用关系代数（或等价的关系演算）中并、交、差、广义笛卡儿积、选择、投影、连接、除等操作来表示。关系操作的特点是集合操作，无论是操作的对象还是操作的结果都是集合。这种操作方式被称为一次一集合的方式，并非关系型的一次一记录的方式对照。

（3）数据完整性。数据完整性，包括实体完整性、参照完整性以及与应用有关的完整性。实体完整性和参照完整性是关系模型必须满足的完整性约束条件，应由关系数据库系统自动支持；与应用有关的完整性由用户定义，它是针对某一具体数据库的约束条件，由应用环境决定，关系数据库系统应提供定义和检验这类完整性的机制。

关系数据库系统支持关系模型。关系模型不仅简单、清晰，而且有关系代数作为语言模型，有关系数据理论作为理论基础。因此，关系数据库系统具有形式化基础好、数据独立性强、数据库语言非过程化等特色，标志着数据库技术已经发展到了第二代。

（三）第三代数据库系统

第二代数据库系统的数据模型虽然描述了现实世界数据的结构和一些重要的相互联系，但是仍不能捕捉和表达数据对象所具有的丰富而重要的语义，因此只能属于语法模型。

第三代的数据库系统将以更丰富的数据模型和更强大的数据管理功能为特征，从而满足更加广泛复杂的新应用的要求。新一代数据库技术的研究和发展导致了众多不同于第一、二代数据库的系统诞生，构成了当今数据库系统的大家族。这些新的数据库系统无论是基于扩展关系数据模型的（对象关系数据），还是面向对象（OO）模型的，是分布式、客户/服务器还是混合式体系结构的，是在 SMP 还是在 MPP 并行机上运行的并行机数据库系统，乃至是用于某一领域（如工程、统计、GIS）的工程数据库、统计数据库、空间数据库等，都可以广泛地称之为新一代数据库系统。

（1）第三代数据库系统应支持数据管理、对象管理和知识管理。除提供传统的数据管理服务外，第三代数据库系统将支持更加丰富的对象结构和规则，应该集数据管理、对象管理和知识管理于一体。第三代数据库系统不像第二代关系数据库那样有一个统一的关系模型。但是，有一点应该是统一的，即无论该数据库系统支持何种复杂的、非传统的数据模型，它应该具有 OO 模型的基本特征。数据模型是划分数据库发展阶段的基本依据，因此第三代数据库系统应该是以支持面向对象数据模型为主要特征的数据库系统。

（2）第三代数据库系统必须保持或继承第二代数据库系统的技术。这就是说必须保持第二代数据库系统的非过程化数据存取方式和数据独立性，第三代数据库系统应继承第二代数据库系统已有的技术。这不仅能很好地支持对象管理和规则管理，而且能更好地支持原有的数据管理，支持多数用户需要的即席查询等。

（3）第三代数据库系统必须对其他系统开放。数据库系统的开放性表现在：支持数据库语言标准，在网络上支持标准网络协议，系统具有良好的可移植性、可连接性、可扩展性和可操作性等。

二、大数据数据库技术与其他技术

（一）主动数据库

主动数据库是在传统数据库基础上，结合人工智能技术和面向对象技术产生的数据库新技术。相对于传统数据库的被动性而言，许多实际的应用领域，如计算机集成制造系统、管理信息系统、办公室自动化系统中常常希望数据库系统在紧急情况下能根据数据库的当前状况，主动适时地做出反应，执行某些操作，向用户提供有关信息。传统数据库系统是被动的系统，它只能被动地按照用户给出的明确请求执行相应的数据库操作，很难充分适应这些应用的主动要求。主动数据库的主要目标是提供对紧急情况及时反应的能力。

主动数据库通常采用的方法是在传统数据库系统中嵌入 ECA（事件—条件—动作规则），是指在某一事件发生时引发数据库管理系统去检测数据库当前状态，看是否满足设定的条件，若条件满足，便触发规定动作的执行。

为了有效地支持 ECA 规则，主动数据库的研究主要集中于解决以下问题。

（1）执行模型。执行模型即规则的处理和执行方式，是对传统数据库系统事务模型的发展和扩充。

（2）条件检测。条件检测是主动数据库系统实现的关键技术之一，由于条件复杂，如何高效地对条件求值对提高系统效率有很大的影响。

（3）事务调度。与传统数据库系统中的数据调度不同，它不仅要满足并发环境下的可串行化要求，而且要满足对事务时间方面的要求，研究对执行时间估计的代价模型。

（4）体系结构。主动数据库的体系结构大多是在传统 DBMS 基础上，扩充事务管理部件和对象管理部件以支持执行模型和知识模型，并增加事件侦测部件、条件检测部件和规则管理部件。

（5）系统效率。系统效率是主动数据库研究中的一个重要问题，是设计各种算法和选择体系结构时应主要考虑的设计目标。

（二）模糊数据库系统

模糊数据库系统是指能够处理模糊数据的数据库系统。一般遇到的数据库都是具有二值逻辑和精确数据的。但是，在现实中还有很多不确定、模糊不清的事情。人们的大脑也是偏向于处理一些模糊的事件，对这些模糊事件更感兴趣。当某个事物太清楚地被展示在人们面前时，大脑就失去了对事物进行探索的欲望。可以把不完全性、不确定性、模糊性引入数据库系统中，从而形成模糊数据库。自模糊逻辑提出以来，人们就对这个领域产生了极大的兴趣，模糊理论的应用也在不断扩大，作为流行的数据库更是受到了注意。研究模糊数据库的意义也是重大的。

随着模糊数学理论体系的建立，人们可以用数量来描述模糊事件并能进行模糊运算。在数据库系统中，也可以将数学上的这种成果如不完全性、不确定性、模糊性引入，从而形成模糊数据库。模糊数据库的研究主要有两个方面：首先是如何在数据库中存放模糊数据；其次是定义各种运算、建立模糊数据上的函数。模糊数的表示主要有模糊区间数、模糊中心数、模糊集合数和隶属函数等。

在模糊数据库中，如果把各记录值视为节点，把关系视为节点间的连线，一个模糊数据库就可看成一个复杂的网络。模糊数据库上的操作主要指从某节点到网上其他节点的移动。但由于要涉及很强的指针或游标来指示当前的位置，其复杂性会大幅增加，所以发展前景也不乐观。

在模糊层次数据模型中，将树中的各节点“父子关系”和“兄弟关系”的亲密程度通过隶属值来实现。然而与模糊网络数据模型一样，其复杂性也限制了模糊数据库的发展。

模糊关系数据模型中，有元组模糊关系数据模型、模糊关系数据模型、集合值模糊关系数据模型和属性具有加权模糊值的模糊关系数据模型。其中，属性具有加权模糊值的模糊关系数据库是一种对一般关系数据库模糊化最彻底的模糊数据库，并且是一种具有广泛应用的模糊数据库。

模糊实体-关系数据模型，可以提供一个模糊 E-R 图，图中直观而形象地描述了模糊数据库，为数据库的设计提供了一个很友好的图形工具。但是，它并没有明确地指明在数据上可以实现的各种操作，在设计时可以在图上设计和修改满意后用相应的转换工具进行转换才行。

在模糊面向对象数据库中，对于对象类的定义引入递归的概念，采用面向对象的描述方法，模块化强，结构化程度高，从而便于分层实现，有利于实际系统的开发。但由于目前还不成熟，开发起来有很大的困难。

对象—关系数据模型是结合关系数据模型和面向对象模型一起新发展的一种模型，它具有关系数据模型的强大查询语言的功能，同时也有面向对象的特性，所以是目前建立模糊数据库的最好的选择。

（三）并行数据库系统

并行数据库系统是在并行机上运行的具有处理能力的数据库系统，并行数据库系统是数据库技术与并行计算技术相结合的产物。近年来，数据库应用已经从商业事务处理迅速拓展到诸如超大型规模数据库检索、数据仓库、OLAP 联机数据分析、数据挖掘等应用领域。这些应用领域的特点是数据量巨大（TB 甚至 PB 级）、查询计算复杂，对数据库系统的处理能力提出了非常高的要求，这些应用需求直接驱动了新一代高性能数据库系统——并行数据库系统的研制。

随着微处理机技术和磁盘阵列技术的进步，并行计算机的发展十分迅速，出现了诸如 Sequent、Tandem、Teradata 和曙光机这样一些商品化的并行计算机系统。这些系统使用数个、数十个，甚至成百上千个廉价的微处理机协同工作，大幅提高了性价比；而且，更为吸引人的是，这些系统由于广泛地采用了磁盘阵列技术，增加了 I/O 的带宽，能有效地解决应用中的 I/O 瓶颈问题。

并行处理技术与数据库技术的结合，具有潜在的可行性。这是因为关系数据库是元组的集合，数据库操作实际是集合操作，许多情况下可分解为一系列对子集的操作，具有潜在的并行性。并行计算技术利用多处理机并行处理产生的规模效益来提高系统的整体性能，为数据库系统提供了一个良好的硬件平台，形成了并行处理技术与数据库技术相结合的并行数据库新技术。

并行数据库研究一直以三种并行计算结构为基础，它们是：①共享内存（主存储器）结构（Shared-Memory）（以下简称 SM 结构）；②共享磁盘结构（Shared-Disk）（以下简称 SD 结构）；③无共享资源结构（Shared-Nothing）（以下简称 SN 结构）。

自并行数据库的概念提出以来，国外的许多研究机构相继研制出了各种结构平台上的并行数据库原型系统，例如美国加州 Berkeley 大学的 XPRS 系统、Colorado 大学的 Volcano 系统、Wisconsin 大学的 Gamma 系统等。这些系统探讨了并行数据库理论和实践中的若干重要问题，为并行数据库的发展奠定了坚实的基础。与此同时，Teradata、Tandem 以及 Oracle、SybaSe、Informix 等传统数据库厂商都正在或已经开发出自己的并行数据库系统。

（四）分布式数据库系统

对于集中式数据库系统，所有的工作都由一台计算机完成。这有很多优点，例如：在大型计算机配置大容量数据库时，价格比较合算，人员易于管理，能完成大型任务。数据集中管理，减少了数据冗余，应用程序和数据之间有较高的独立性。但是，随着数据库应用的不断发展、规模的不断扩大，人们逐渐感觉到集中式数据库系统也有不便之处。如大型数据库系统的设计和操作都比较复杂，系统显得不灵活且安全性也较差。因此，采用将数据分散的方法，把数据库分成多个，建立在多台计算机上，这种系统称为分散式系统。

在这种系统中，数据库的管理、应用程序的研制等都是分开并相互独立的，它们之间不存在数据通信联系。

随着计算机网络通信的发展，有可能把分散在各处的数据库系统通过网络通信连接起来，这样形成的系统称为分布式数据库系统（DDBS）。DDBS 兼有集中式和分散式的优点。这种系统由多台计算机组成，各计算机之间由通信网络相互联系。

分布式系统是一个逻辑上属于同一整体而物理上分布存放在一个计算机网络节点上的数据集合。在分布式数据库环境中，每一个节点都有自己的计算机及其设备、自己的数据库管理系统。前面强调了它的分布性，实际上它还有一个重要的特色，即每个节点都有高度的自治性。这就是说，当不需要存取其他节点的数据时，该节点如同一个集中式数据库系统，因此应当把分布式系统内的关系想象为一系列独立但相互合作的集中式系统之间的伙伴关系。分布式数据库系统具有许多重要的特性和优点。

1. 复制透明性

在分布式系统中，为了提高系统的性能和实用性，有些数据并不只存放在一个场地，很可能同时重复地存放在不同的场地。这样，本地数据库中也包含了外地数据库中的数据。应用程序执行时，就可在本地数据库的基础上运行，不必借助通信网络去与外地数据库联系，而用户还以为在使用外地数据库中的数据。这种方法加快了应用程序的运行速度，但各场地上大量复制数据，使更新操作要波及所有复制的数据库，以保证数据的一致性，这势必增加系统的开销。然而总体来说，复制可以提高系统的查询效率。

2. 位置透明性

位置透明性是指用户和应用程序不必知道它所使用的数据在什么地方。用户用到的数据有可能在本地数据库中，也有可能在外地数据库中。如果用户涉及的数据在外地，那么要把数据从外地通过网络传输到本地，或者从本地传输到外地，或者多次往返传输。系统提供位置透明性后，用户就不必关心数据在本地还是在外地，即使数据的位置改变，也不必修改应用程序，否则应用程序要复杂得多。这种位置透明性简化了应用程序，大大方便了用户。这是分布式数据库的主要目标之一。

3. 效率和灵活性

分布式数据库中的数据可以存储在常用地点，这样可减少响应时间，也可减少通信代价。数据可动态传送或复制，甚至可以取消。

除了上述优点以外，分布式数据库也存在系统开销大的缺点，主要是指通信开销。另外，数据的安全性和保密性较难保证，在具有高度场地自治的分布式数据库中，局部数据库管理员可以认为其管辖的数据比较安全，但是还不能保证全部数据是安全的。安全性问题是分布式系统的固有问题。因为分布式系统是通过网络实现分布控制的，而通信网络本身在保护数据方面存在着弱点，数据比较容易被黑客窃取，所以网络的安全性显得尤为重要。

（五）面向对象数据库系统

数据库的研究主要是对关系数据库的实现和应用，关系模式很容易理解，关系表中操作数据的形式大家也很熟悉，效率也高。但是关系模型很难表达更复杂的语义，它不擅长于数据类型较多、较复杂的领域。随着数据库技术应用领域的进一步拓宽，要求数据库不仅能方便地存储和检索结构化的数字和字符信息，而且可以方便地存储和检索诸如图形、图像等复杂的信息，如包括了复杂关系、数据类型的 CAD 数据库中的设计数据。若要在关系数据库系统中处理这些复杂的数据对象，则需要使用专门的应用程序把这些复杂的数据对象分解成适合于在二维表中存储的数据。面向对象的数据库则可以像对待一般对象那样存储这些数据与过程，这些对象可以方便地被系统检索。

在面向对象的方法中，对象作为描述信息实体的统一概念，把数据和对数据的操作融为一体，通过方法类、继承、封装和实例化机制来实现信息含义的存储和描述。因此，对象可以自然、直观地表达复杂结构对象，并用操作封装来增强数据处理能力。这样，人们开始以面向对象概念为基本出发点来研究和建立数据库系统，在数据库系统中全面引入对象概念的面向对象数据库产生了。

面向对象数据库的实现一般有两种方法：一种是纯粹的面向对象数据库技术，构建面向对象技术的数据库；另一种是在现有关系数据库的基础上增加对象管理的技术，从而实现面向对象数据库。由于面向对象数据库支持的对象标识符、类属联系、分属联系、方法等概念很难实现存储和管理，所以第一种方法实现起来成本比较高。因此，大多数人将目光转到改造和优化现有的关系数据库上，这种基于关系数据库实现的对象数据库又称为对象关系数据库。

对象关系数据库增强了关系数据库的数据管理能力，是对关系数据库的改进，同时也是对象数据库理论的一种实践应用。对象关系模型是指在关系数据模型的基础上增加了对复杂数据类型的查询规则。通过复杂数据类型管理，关系数据库中元组的属性可以是复杂的数据类型。这种数据库的演变模式是为了扩展现有数据库系统的建模能力，而不破坏已有的成熟的数据模型。基于对象关系模型的对象关系数据库系统为那些想在关系数据库中使用面向对象特征的用户提供了一个便利的操作途径。

对象关系数据库系统集成了关系数据库系统的优点和面向对象数据库的建模能力，具有用户根据应用需要扩展数据类型和函数的机制，支持复杂数据类型的存储和操作能力。对象关系数据库系统增强了面向对象的建模能力，因此具有面向对象数据库的特征和优点，是目前关系数据库系统发展的一个新方向。

三、大数据数据库系统的新技术

（一）NoSQL 数据库

随着互联网应用技术的飞速发展，Web2.0 背后的许多大型网站所面临的数据量已经达到了空前的规模，同时也对数据管理技术提出了更多的要求，包括：①管理海量数据。对于许多大型网站应用，如搜索网站来说，需要管理庞大的数据集，一般在 PB 级别。②高响应速度。用户满意度在很大程度上取决于应用程序的响应速度。③低成本。大规模应用系统在构建之初就必须谨慎地考虑投资风险，而过高的成本往往意味着较大的风险。

而另一边，传统的关系数据库系统在应对超大规模数据集的管理时显得越来越无力，暴露了很多难以克服的问题，包括：①扩展困难，容量有限。由于受到本身机制的限制，关系数据库系统难以进行大规模的扩展，进而导致其数据存储容量受到限制。②响应速度慢。由于关系型数据库系统实现的逻辑非常复杂，在数据量达到一定规模时，其处理速度也开始显著下降。③高成本。构建商用数据库系统的价格一般不菲，特别是大规模数据库系统，这显然不利于投资时的风险规避。

为了应对大规模数据管理带来的新挑战，人们提出了 NoSQL 数据库系统，由于其易扩展、响应速度快、低成本的特点契合了网站应用的需求，近年来在相关领域得到了非常迅速的发展。NoSQL 数据库包括键值数据库、列存储数据库、多模式数据库、图形数据库、多维数据库等，目前的 NoSQL 数据库产品已经超过 200 种。

1. 基本理论

为了解决分布式系统上的各种问题，NoSQL 数据库系统需要重新设计和考量数据一致性问题，因为传统关系数据库所要求的强一致性在分布式环境下将成为一条难以逾越的鸿沟。下面首先介绍最终一致性的概念，然后介绍 CAP 理论和 BASE 理论。其中 CAP 理论和 BASE 理论是 NoSQL 数据库的重要理论基础。

（1）最终一致性。在分布式系统中要解决的一个重要问题就是数据的复制。通常情况下，受到网络通信速度的限制，分布式环境下不同节点中的数据库之间复制数据时存在一定时延。之所以要复制数据，一是为了增加系统的可用性，以防止单点故障引起的系统不可用；二是提高系统的整体性能，通过负载均衡技术，能够让分布在不同节点上的数据副本都能够为用户提供服务。

数据复制在可用性和性能方面的确能够给分布式系统带来巨大优势，但同时也带来分布一致性问题。所谓分布一致性问题，是指在分布式环境中引入数据复制机制之后，不同数据节点之间可能出现的并且无法依靠程序自身解决的数据不一致问题。简单地讲，在对一个节点中的副本数据进行更新时，必须确保其他副本也一并更新，否则不同副本之间的数据将不一致。

为了解决这一问题，可以这样规定：在某一个节点上执行更新操作时，先将更新的结果扩散到其他节点上，当所有远程节点上的数据更新完成后，本地更新才完成。这种做法虽然保证了每次更新操作的效果都使得所有数据副本全部更新，但严重影响了系统的可用性。这是因为，每一个远程节点都可能发生故障，网络通信也可能出现故障，因此每次本地的更新操作都有可能出现失败或者超时的情况。即使成功，系统响应速度也会很慢。

由于种种原因，无法在分布式系统中完美地解决分布一致性问题。因此，一些研究者退而求其次，提出了最终一致性的概念。以下是一致性级别的比较。

强一致性：传统关系数据库中要求的数据一致性，通过事务机制实现，是数据一致性的最高要求，实现强一致性对系统的性能影响较大。

弱一致性：系统在数据更新成功后，不保证更新操作可以立即生效（后续的查询操作可以立即查到更新后的数据），但会尽快使数据能够达到一致状态。在弱一致性要求下，分布式系统的可用性很好，但用户查询到的数据不一定是正确的。

最终一致性：弱一致性的一个特例，系统中的所有数据副本经过一定时间后，最终能够达到一致的状态。

（2）CAP 理论。CAP 理论指的是在一个分布式系统中，不可能同时满足一致性、可用性以及分区容错性这三个性质的基本需求，最多只能满足其中的两项。这三个性质的解释如下。

①一致性：指数据在分布式系统中的多个副本之间能够保持一致的特性。当执行数据更新操作后，仍然需要保证不同副本中的数据处于一致的状态。

②可用性：是指系统提供的服务必须一直处于可用的状态。对于用户的每一个操作请求总是能够在“有限时间内”返回结果。这个有限时间是系统设计之初就指定好的系统运行指标。返回的结果指的是系统返回给用户的一个正常响应结果，而不是“内存错误”或者“超时错误”之类的系统错误信息。

③分区容错性：是指分布式系统在遇到任何网络分区故障的时候，仍然需要保证对外

提供满足一致性和可用性的服务，除非是整个网络环境都发生了故障。组成分布式系统的每个节点都可以看成一个特殊的网络分区。

一个分布式系统无法同时满足上述三个性质（最多只能同时满足两个），这就意味着设计和开发人员需要进行权衡。

选择一致性和可用性，放弃分区容错性，即 CA 类型：将所有数据都放在一个分布式节点上，集中式系统就是一个典型的例子。这种选择在放弃分区容错性的同时也放弃了系统的可扩展性。

选择一致性和分区容错性，放弃可用性，即 CP 类型：一旦部分系统遭遇故障，就需要等待故障恢复，在恢复期间无法对外提供正常的服务。

选择可用性和分区容错性，放弃一致性，即 AP 类型：这里的放弃一致性是指放弃数据强一致性。

而保留数据的最终一致性，即系统无法每时每刻都保证数据处于一致的状态，但能够保证在一个限定的时间窗口内，数据最终能够达到一致的状态。

对于分布式系统而言，分区容错性是一个最基本的要求，因为分布式系统中的组件必然需要部署到不同的节点，形成网络划分。因此，分布式系统只能在 C（一致性）和 A（可用性）之间进行权衡。

（3）BASE 理论。BASE 理论是指在分布式系统中，基本可用（basically available）、软状态/柔性（soft-state）事务、最终一致性（eventual consistency）是可以实现的，是由 CAP 理论演化而来，是对 CAP 理论中一致性和可用性权衡的结果。

①基本可用。这是指分布式系统在出现故障的时候，允许损失部分可用性，保证核心可用，但不等价于不可用。比如：搜索引擎 0.5 秒返回查询结果，但由于故障，2 秒响应查询结果；网页访问量过大时，对部分用户提供降级服务等。

②软状态。这是指允许系统存在中间状态，并且该中间状态不会影响系统整体可用性，即允许系统在不同节点间副本同步的时候存在延时。

③最终一致性。这是指系统中的所有数据副本经过一定时间后，最终能够达到一致的状态，不需要实时保证系统数据的强一致性。最终一致性是弱一致性的一种特殊情况。

BASE 理论的核心思想：即使无法做到强一致性，但系统可以采用适当的方式达到最终一致性。BASE 理论面向大型高可用可扩展的分布式系统，通过牺牲强一致性来获得可用性。相反，ACID 是传统数据库常用的概念设计，追求强一致性。

2. 常见产品

（1）Redis。Redis 是一个使用 C 语言编写的、支持网络、可基于内存或者可持久化的、开源的、日志型的键值数据库管理系统，提供多种语言的接口，其特点如下。

①数据类型。Redis 通常被称为数据结构服务器，因为数据值可以是字符串、哈希、列表、集合和有序集合五种类型，操作非常方便。

②性能。Redis 数据库完全在内存中，因此处理速度非常快，读、写速度分别为 11 万次/秒和 8.1 万次/秒。

③持久化。通过定时快照（snapshot）和基于语句的追加（append only file，AOF）两种方式，Redis 可以支持数据持久化，将内存中的数据存储到磁盘上，方便在宕机等突发情况下快速恢复。

④CAP 类型。Redis 属于 CP 类型，即放弃了高可用性，保留一致性和分区容错性。

Redis 的优点包括：①数据结构非常丰富；②Redis 提供了事务的功能，可以保证一组操作的原子性，中间不会被任何其他操作打断；③数据存在内存中，读写非常高速。

Redis 作为内存数据库，适用于数据量较小的场合，例如会话缓存、消息队列、全网页缓存，以及订阅/发布等应用。

（2）HBase。HBase 是一个分布式的开源列存储数据库。HBase 在分布式计算平台 Hadoop 之上提供了类似于 BigTable 所提供的分布式数据存储的功能。不同于一般的关系数据库，它是一个适合于非结构化数据存储的数据库，其存储模式是基于列的而不是基于行的。其特点如下。

①数据类型。HBase 适合用于存储非常稀疏的数据（非结构化或者半结构化的数据）。HBase 之所以擅长存储这类数据，是因为 HBase 采用的是列存储机制，而人们熟知的 RDBMS 采用的是行存储机制。在列存储机制下对于空值的存储是不占用任何空间的。

②性能。HBase 的扩展性非常好，能够应对大型应用的高要求和海量数据管理任务，同时其负载均衡也比较优秀，能够较好地保证运行性能。

③持久化。HBase 的 write ahead log（WAL）提供了一种高并发、持久化的日志保存与回放机制。每一个业务数据的写入操作（PUT/DELETE）执行前，都会记录在 WAL 中。如果出现 HBase 服务器宕机，则可以从 WAL 中回放执行之前没有完成的操作。

④CAP 类型。HBase 是 CP 类型，选择了基本可用性、强一致性和分区容错性。

HBase 的优点包括：①底层基础。HBase 管理的数据由底层的 HDFS 自动进行了冗余备份，HDFS 集群的安全性和海量数据的存储管理能力非常优秀。②扩展性。HBase 本身的数据读写服务没有节点数的限制，服务能力可以随服务器的增长而线性增长，达到成百上千的规模。③性能。LSM-tree（log-structured merge tree，日志结构合并树）索引机制的设计让 HBase 的写入性能非常良好，单次写入通常在 1～3 毫秒内即可响应，并且性能不随数据量的增长而下降。④负载均衡。Region（相当于数据库的分表）可以毫秒级动态地切分和移动，保证了负载均衡性。⑤访问效率。由于 HBase 的数据模型是按 Rowkey（行主键）排序存储的，每次读取时会将连续的整块数据作为缓存，因此良好的 Rowkey 设计可以让批量读取变得十分容易，甚至只需要一次 I/O 就能获取几十上百条用户想要的数据。

HBase 的主要应用场景包括海量数据管理，以及有快速随机访问需求，需要较好的动态扩展能力，业务简单，不需要 RDBMS 诸多特性（事务、连接等）的场景。

（3）MongoDB。MongoDB 是一个高性能、开源、无模式的文档型数据库管理系统，开发语言是 C++。它在许多场景下可用于替代传统的 RDBMS 或键值存储 DBMS。其特点如下。

①数据格式。在 MongoDB 中，文档是对数据的抽象，它的表现形式就是常见的 BSON（binaryJSON）。BSON 是一个轻量级的二进制数据格式。MongoDB 能够使用 BSON，并将 BSON 作为数据的存储存放在磁盘中。BSON 是为效率而设计的，它只需要使用很少的空间，同时其编码和解码都是非常快速的。即使在最坏的情况下，BSON 格式也比 JSON 格式的最优情况存储效率更高。

②性能。MongoDB 目前支持的存储引擎为内存映射引擎。当 MongoDB 启动时，会将所有数据文件映射到内存中，然后操作系统会托管所有的磁盘操作。MongoDB 中关于内存管理的代码非常精简，许多任务被托管到操作系统执行。MongoDB 支持各类索引，查询性能优异。另外，MongoDB 的查询优化器能够生成高效的查询计划，从而极大地提高查询的效率。

③持久化。MongoDB 在 1.8 版本之后开始支持 journal（redo log），用于故障恢复和持久化。当系统启动时，MongoDB 会将数据文件映射到一块内存区域，称之为 shared view。在不开启 journal 的系统中，数据直接写入 shared view。系统每 60 秒将该内存区域的数据写回磁盘，防止断电或宕机时丢失大量数据。当系统开启了 journal 功能，系统会再映射一块内存区域供 journal 使用，称之为 private view。MongoDB 默认每 100 毫秒刷新 private view 到 journal，当断电或宕机发生时，丢失的只是 100 毫秒内的更新数据。

（二）数据仓库

数据仓库（data warehouse，DW）是一个面向数据分析处理的数据环境，是面向主题的、集成的、相对稳定的、反映历史变化的数据集合。数据仓库是一种新的数据处理体系结构，是对企业内部各部门业务数据和各种外部数据进行统一管理和存储的中央仓库。数据仓库技术为企业决策支持系统提供所需的信息，是一种信息管理技术。

1. 结构体系

数据仓库由数据仓库数据库、数据抽取/转换、元数据、访问工具、数据集市、数据仓库管理和信息发布系统七个部分组成。

（1）数据仓库数据库。数据仓库数据库是整个数据仓库环境的核心，是存放数据的地方，提供对数据检索的支持。相对于事务型数据库，数据仓库数据库的突出特点是对海量数据的支持和快速的检索技术。

（2）数据抽取/转换。把数据从各种各样的存储方式中抽取出来，进行必要的转换、整理，再存放到数据仓库内。删除对决策应用没有意义的数据段，转换到统一的数据名称和定义，计算统计和衍生数据，给缺值数据赋予缺省值，统一不同的数据定义方式。

（3）元数据。元数据描述数据仓库中的数据，是数据仓库运行和维护的中心。数据仓库服务器利用元数据来存储和更新数据，用户通过元数据来了解和访问数据。

（4）访问工具。为用户访问数据仓库提供工具，例如数据查询和报表、应用开发、管理信息系统、OLAP、数据挖掘。

（5）数据集市。在数据仓库的实施过程中，将数据仓库划分为多个数据集市，从一个部门的数据集市着手，再用几个数据集市组成一个完整的数据仓库，有利于数据仓库的负载均衡，保证应用效率。

（6）数据仓库管理。数据仓库管理包括安全和特权管理，跟踪数据的更新，数据质量检查，管理和更新元数据，审计和报告数据仓库的使用和状态，删除数据，复制、分割和分发数据，备份和恢复，存储管理。

（7）信息发布系统。信息发布系统是指把数据仓库中的数据或其他相关的数据发送给不同的地点或用户。基于 Web 的信息发布系统是处理多用户访问的有效方法。

2. 数据模型

数据仓库的数据模型包括概念模型和逻辑模型。数据仓库一般建立在数据库的基础之上，所以其概念模型与一般关系型数据库的概念模型一致。目前，对数据仓库数据模型的研究多数集中在逻辑模型。在多维数据仓库中，保存度量值的详细值或事实的表称为“事实表”。事实表通常包含大量的行。事实表的主要特点是包含数字数据（事实），并且这些数字信息可以汇总，以提供给有关单位作为历史的数据。每个事实表包含一个由多个部分组成的索引。该索引包含作为外键的相关性维度表的主键，而维度表包含事实记录的特性。事实表不应该包含描述性的信息，也不应该包含除数字度量字段及事实与维度表中对应项的相关索引字段之外的任何数据。

维度表可被看作用户分析数据的窗口，维度表包含事实表中事实记录的特性，有些特性提供描述性信息，有些特性指定如何汇总事实表数据，以便为分析者提供有用的信息。维度表包含帮助汇总数据的特性的层次结构，例如，包含产品信息的维度表通常包含将产品分为食品、饮料、非消费品等若干类的层次结构，这些产品中的每一类还可以进一步多次细分，直到各产品达到最低级别。

逻辑模型是数据的逻辑结构，例如关系模型、层次模型和网状模型等。数据仓库的逻辑模型是多维模型，描述了数据仓库主题的逻辑实现，即每个主题对应的模式定义。数据仓库的数据模式包括星型、雪花型和星型-雪花型。这三种模式都是以事实表为中心，不同之处在于维度表之间的关系不同。

（1）星型模式。星型模式的每个维度都对应一个唯一的维度表，维的层次关系全部通过维度表中的字段实现，所有与某个事实有关的维，都通过该维度对应的维度表直接与事实表关联，所有维度表的主码组合起来作为事实表的主码，其中每个维度表的主码都是事实表的一个外码。星型模式的维度表只与事实表发生关联，维度表与维度表之间没有任何关联。星型模式的特点包括：①维度表非规范化。维度表保存了与维度相关的所有层次信息，提高了查询效率，但维度表间的数据共用性较差。②事实表非规范化。所有维度表与事实表直接关联，提高了查询效率，但存在较大的数据冗余，因此与事实表关联的维度表数量受到限制。③维度表和事实表的联系类型受限。维度表的主码在事实表中作为外码，因此限定了两者之间是一对一或一对多联系，存在多对多联系时无法使用星型模式。

（2）雪花型模式。星型模式通过主码和外码把维度表和事实表联系在一起。如果对经常合并在一起使用的维度进行规范化，就把星型模式扩展为雪花型模式。雪花型模式对维度表规范化（分解维度表），使用多个事实表描述层次复杂的维，用不同维度表之间的关联实现维的层次。雪花型模式的特点包括：①维度表的规范化实现了维度表重用，简化了维护工作，但是降低了查询效率。②雪花型模式中有些维度表并不直接和事实表关联，而是与其他维度表关联，特别是派生维和实体属性对应的维，这样就减少了事实表中的一条记录。③用雪花型模式可以实现维度表和事实表之间多对多的联系。

（3）星型-雪花型模式。星型模式结构简单，查询效率高，可是维度表之间的数据共用性差，限制了事实表关联维度表的数量；雪花型模式通过对维度表的规范化，增加了维度表的共用性，但查询效率低。两者各有优缺点，却可以在一定程度上互补。

在星型-雪花型模式中，数据仓库由多个主题构成，包含多个事实表，而维度表是公共的，可以共享，这种模式可以看作星型模式的汇集，有时也称为星系模式。星型-雪花型模式的特点包括：①星型-雪花型模式是星型模式和雪花型模式的结合，在使用星型模式的同时，将其中的一部分维度表规范化，提取一些公共的维度表；②打破了星型模式只有一个事实表的限制，且这些事实表共享全部或部分维度表，既保证较高的查询效率，又简化维度表的维护。

（三）联机分析处理

联机分析处理（OLAP）是一种软件技术，它使分析人员能够迅速、一致、交互地从各个方面观察信息，以达到深入理解数据的目的。OLAP 系统一般以数据仓库为基础，即从数据仓库中抽取历史数据的一个子集，经过一系列的处理后存储到 OLAP 存储器中，供前端分析工具读取。

1. 数据模型

按照存储器的数据存储格式，OLAP 系统使用的数据模型可以分为 ROLAP、MOLAP 和 HOLAP 三种。

（1）ROLAP。关系联机分析处理（ROLAP）以关系数据库为核心，将分析用的多维数据存储在关系数据库中，并根据应用需要，把应用频率比较高、计算工作量比较大的 SQL 查询定义为实视图，作为表存储在关系数据库中，即将多维数据映像成平面关系表中的行。ROLAP 主要通过一些软件工具或中间软件实现，物理层采用关系数据库的存储结构，又称为虚拟 OLAP（virtual OLAP）。ROLAP 将多维数据库的多维结构划分为事实表、维度表两类。

（2）MOLAP。多维联机分析处理（OLAP）将 OLAP 分析所用到的多维数据在物理上存储为多维数组的形式，形成“立方体”的结构，从而通过多维数组的存储引擎，显示数据的多维视图。MOLAP 因为存储结构从物理层实现，又称为物理 OLAP（physical OLAP）。基于多维数据库的 MOLAP，每个 OLAP 应用程序一般以多维方式处理数据。相对于目前其他数据模型，MOLAP 具有查询速度更快和更容易被用户理解的优势。

（3）HOLAP。MOLAP 和 ROLAP 各自存在优劣势，结构截然不同。因此，出现了混合联机分析处理（HOLAP），将 MOLAP 和 ROLAP 两种结构的优点结合起来，同时实现了既可以利用多维数据模型进行快速分析，又可以借助关系数据库实现数据的灵活性和可扩展性。

2. 基本操作

OLAP 多维分析的基本操作有切片（slice）、切块（dice）、旋转（pivot）、聚合（aggresive)、钻取等。在实际 OLAP 应用中，OLAP 需要对组织好的数据进行各种基本操作，使得用户能够从多个角度、多个侧面观察数据库中的数据，更加深刻地理解数据，发现数据中的有用信息。

（1）切片。切片操作是选定多维数组的一个二维子集来分析数据。切片是在某个或某些维上选定一个属性成员，而在其他维上取一定区间的属性成员或全部属性成员来观察数据的一种分析方法，即在多维数组的某两个维上分别选取一定区间或全部的维成员，而在其他维上均选定一个维成员。进行切片操作的目的是降低多维数据集的维度，以更好地了解多维数据集。它舍弃了数据的其他观察角度，可以使人们将注意力集中在一个二维子集内重点观察数据。

（2）切块。切块操作是选定多维数组的一个三维子集来观察数据，即在多维数组的某三个维上分别选取一定区间或全部的成员属性，而在其他维上均选定一个成员属性。进行切块操作的目的是降低多维数据集的维，以更好地了解多维数据集，使人们能将注意力集中在较少的维上进行观察。

（3）旋转。旋转操作降低多维数据集的维，以更好地了解多维数据集，使人们能将注意力集中在较少的维上进行观察。进行旋转操作的目的是通过改变维的位置得到不同视角下的数据，使用户直观并多角度地查看数据集中不同维之间的关系。

（4）聚合。聚合操作是通过一个维的概念分层向上攀升或者通过维归约，在数据立方体上进行聚集得到的结果。进行聚合操作的目的是实现高层次的数据汇总，呈现整体与部分的关系。

（5）钻取。钻取操作是聚合操作的逆操作，指改变维的层次，变换分析的粒度。它包含向下钻取和向上钻取/上卷操作，钻取的深度与维所划分的层次相对应。进行钻取操作的目的是在不同的综合层次上观察数据。

第三章 大数据技术的实际应用

第一节 大数据技术在互联网领域的应用

随着互联网的飞速发展，网络信息技术的快速发展让人们逐渐从信息匮乏的时代步入了信息过载的时代。借助于搜索引擎，用户可以从海量信息中查找自己所需的信息。但是，通过搜索引擎查找内容是以用户有明确的需求为前提的，用户需要将其需求转化为相关的关键词进行搜索。因此，当用户需求很明确时，搜索引擎的结果通常能够较好地满足用户需求；当用户没有明确需求时，就无法向搜索引擎提交明确的搜索关键词，搜索引擎难以帮助用户对海量信息进行筛选。

一、推荐系统算法及其在互联网领域的应用

推荐系统是可以解决上述问题的一个非常有潜力的办法，它通过分析用户的历史数据来了解用户的需求和兴趣，从而将用户感兴趣的信息、物品等主动推荐给用户。推荐系统是自动联系用户和物品的一种工具，和搜索引擎相比，推荐系统通过研究用户的兴趣偏好，进行个性化计算。推荐系统可发现用户的兴趣点，帮助用户从海量信息中去发掘自己潜在的需求。

（一）推荐系统的方式

推荐系统的本质是建立用户与物品的联系，根据推荐算法的不同，推荐方式包括以下五种。

（1）专家推荐。专家推荐是传统的推荐方式，本质上是一种人工推荐，由资深的专业人士来进行物品的筛选和推荐，需要较多的人力成本。现在专家推荐结果主要是作为其他推荐算法结果的补充。

（2）基于统计的推荐。基于统计信息的推荐（如热门推荐），概念直观，易于实现，但是对用户个性化偏好的描述能力较弱。

（3）基于内容的推荐。基于内容的推荐是信息过滤技术的延续与发展，更多的是通过机器学习的方法去描述内容的特征，并基于内容的特征来发现与之相似的内容。

（4）协同过滤推荐。协同过滤推荐是推荐系统中应用最早和最为成功的技术之一。它一般采用最近邻技术，利用用户的历史信息计算用户之间的距离，然后利用目标用户的最近邻用户对商品的评价信息来预测目标用户对特定商品的喜好程度，最后根据这一喜好程度对目标用户进行推荐。

（5）混合推荐。在实际应用中，单一的推荐算法往往无法取得良好的推荐效果，因此多数推荐系统会对多种推荐算法进行有机组合，如在协同过滤之上加入基于内容的推荐。

基于内容的推荐与协同过滤推荐有相似之处，但是基于内容的推荐关注的是物品本身的特征，通过物品自身的特征来找到相似的物品，而协同过滤推荐则依赖用户与物品间的联系，与物品自身特征没有太多关系。

（二）推荐系统的模型

推荐系统基本架构如图 3-1 所示，一个完整的推荐系统通常包括三个组成模块：用户建模模块、推荐对象建模模块、推荐算法模块。推荐系统首先对用户进行建模，根据用户行为数据和用户属性数据来分析用户的兴趣和需求，同时也对推荐对象进行建模。接着，基于用户特征和物品特征，采用推荐算法计算得到用户可能感兴趣的对象，之后根据推荐场景对推荐结果进行一定的过滤和调整，最终将推荐结果展示给用户。

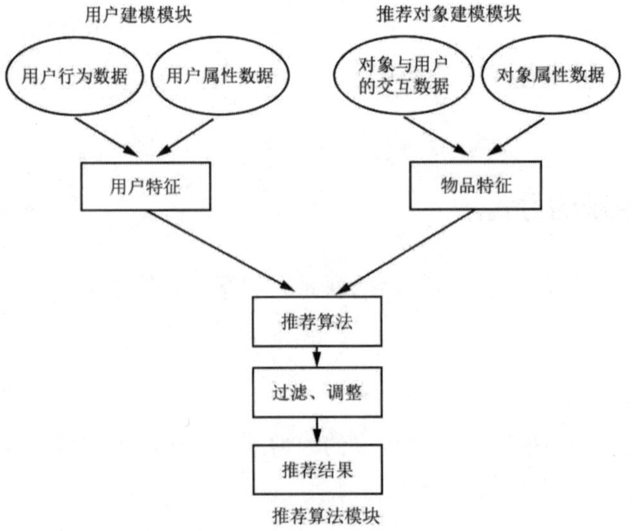

图 3-1　**推荐系统基本架构**

推荐系统通常需要处理庞大的数据量，既要考虑推荐的准确度，也要考虑计算推荐结果所需的时间，因此推荐系统一般可再细分成离线计算部分与实时计算部分。离线计算部分对于数据量、算法复杂度、时间限制均较少，可得出具备较高准确度的推荐结果。而在线计算部分则要求能快速响应推荐请求，能容忍较低的推荐准确度。通过将实时推荐结果与离线推荐结果相结合的方式，能为用户提供高质量的推荐结果。

（三）推荐系统的应用

目前在电子商务、在线视频、在线音乐和社交网络等各类网站和应用中，推荐系统都开始扮演越来越重要的角色。一些购物网站已将推荐的思维方式渗透到其网站的各个角落，实现了多个推荐场景。购物网站利用用户的浏览历史记录来为用户推荐商品，推荐的主要是用户未浏览过，但可能感兴趣、有潜在购买可能性的商品。

推荐系统在在线音乐应用中也逐渐发挥越来越重要的作用。音乐相比于电影在数量上更为庞大，且个人口味偏向会更为明显，仅依靠热门推荐和专家推荐是远远不够的。在线音乐网站根据用户的音乐收藏记录来分析用户的音乐偏好，从而进行推荐。从推荐的结果来看，主要是基于内容的推荐，例如推荐同一风格的歌曲，或是推荐同一歌手的其他歌曲，或是推荐同一专辑中的其他歌曲等。

二、协同过滤算法及其在互联网领域的应用

协同过滤作为最早、最知名的推荐算法，不仅在学术界得到了深入研究，而且至今在业界仍有广泛的应用。协同过滤分为基于用户的协同过滤和基于物品的协同过滤，下面主要就协同过滤算法进行详细介绍。

（一）基于用户的协同过滤算法

实现基于用户的协同过滤算法的关键步骤是计算用户与用户之间的兴趣相似度。

1. UserCF 算法的思想

基于用户的协同过滤算法（以下简称为 UserCF 算法）是推荐系统中最古老的算法，UserCF 的诞生标志着推荐系统的诞生，该算法于 1992 年被提出，直到现在该算法仍然是推荐系统领域最著名的算法之一。

UserCF 算法符合人们对于“趣味相投”的认知，即兴趣相似的用户往往有相同的物品喜好，当目标用户需要个性化推荐时，可以先找到和目标用户有相似兴趣的用户群体，然后将这个用户群体喜欢的而目标用户没有听说过的物品推荐给目标用户，这种方法被称

为“基于用户的协同过滤算法”。

UserCF 算法的实现主要包括以下两个步骤：

（1）找到和目标用户兴趣相似的用户集合。

（2）找到该集合中的用户所喜欢的且目标用户没有听说过的物品推荐给目标用户。

假设有用户 a、b、c 和物品 A、B、C、D。其中用户 a、c 都喜欢物品 A 和物品 C，如图 3-2 所示，因此认为这两个用户是相似用户，于是将用户 c 喜欢的物品 D（物品 D 是用户 a 未接触过的）推荐给用户 a。

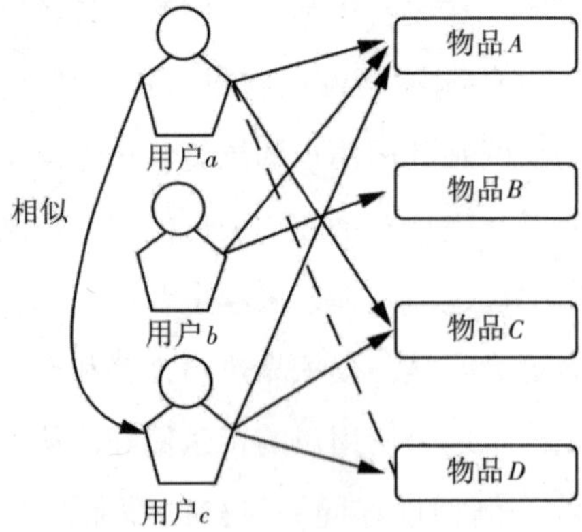

图 3-2　基于用户的协同过滤

2. 用户相似度算法

实现 UserCF 算法的关键步骤是计算用户与用户之间的兴趣相似度。目前使用较多的相似度算法如下：

（1）泊松相关系数（Person Correlation Coefficient）。

（2）余弦相似度（Cosine Similarity）。

（3）调整余弦相似度（Adjusted Cosine Similarity）。

给定用户 u 和用户 v，令 $N(u)$ 表示用户“感兴趣的物品集合，令 $N(u)$ 为用户 v 感兴趣的物品集合，则使用余弦相似度进行计算用户相似度的公式如下：

$$w_{uv}=\frac{|N(u)\cap N(v)|}{\sqrt{|N(u)||N(v)|}} \tag{3-1}$$

由于很多用户相互之间并没有对同样的物品产生过行为，因此其相似度公式的分子为零，相似度也为零。所以，在计算相似度时，可以利用物品到用户的倒排表（每个物品所对应的、对该物品感兴趣的用户列表），仅对有对相同物品产生交互行为的用户进行计算。

图 3-3 所示为基于图 3-2 的数据建立物品到用户倒排表并计算用户相似度矩阵的过程。由图 3-3 可知，喜欢物品 C 的用户包括用户 a 和用户 c，因此将 $W[a][c]$ 和

$W[c][a]$ 都加 1，以此类推。对每个物品的用户列表进行计算之后，就可以得到用户相似度矩阵 **W**，矩阵元素 $W[u][v]$ 即为 w_{uv} 的分子部分，将 $W[u][v]$ 除以分母便可得到用户相似度 w_{uv} 。

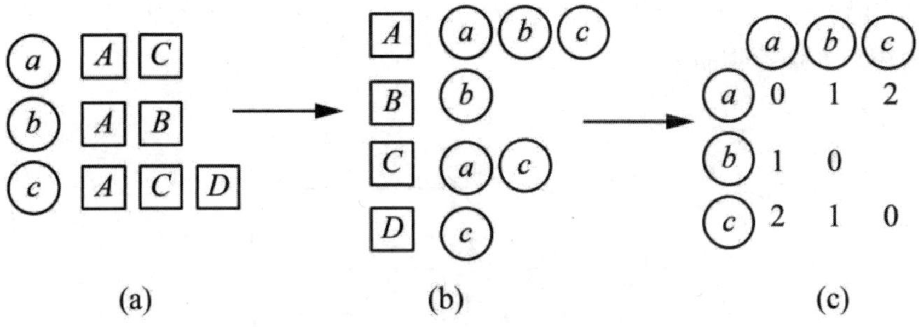

图 3-3 物品到用户倒排表及用户相似度矩阵

得到用户间的相似度后，再使用如下公式来度量用户 u 对物品 i 的兴趣程度 $P(u, i)$ ：

$$P_{ui} = \sum_{v \in S(u,\ K) \cap N(i)} w_{uv} r_{vi} \tag{3-2}$$

式中 $S(u, K)$ ——和用户 u 兴趣最接近的 K 个用户的集合；

$N(i)$ ——喜欢物品 i 的用户集合；

w_{uv} ——用户 u 和用户 v 的相似度；

r_{vi} ——隐反馈信息，代表用户 v 对物品 i 的感兴趣程度，为简化计算可令 $r_{vi} = 1$。

所有物品计算 P_{ui} 后，可以再进行一定的处理，如降序处理，最后取前 N 个物品作为最终的推荐结果展示给用户 u 。

（二）基于物品的协同过滤算法

实现基于物品的协同过滤算法的关键步骤是计算物品相似度。

1．ItemCF 算法的思想

基于物品的协同过滤算法（以下简称为 ItemCF 算法）是目前业界应用最多的算法。

ItemCF 算法是给目标用户推荐那些和他们之前喜欢的物品相似的物品。ItemCF 算法并不利用物品的内容属性计算物品之间的相似度，而主要通过分析用户的行为记录来计算物品之间的相似度。该算法基于的假设是：物品 A 和物品 B 具有很大的相似度是因为喜欢物品 A 的用户大多也喜欢物品 B。

ItemCF 算法与 UserCF 算法类似，也分为两步，具体如下：

（1）计算物品之间的相似度。

（2）根据物品的相似度和用户的历史行为，给用户生成推荐列表。

以图 3-4 所示的数据为例，用户 a、c 都购买了物品 A 和物品 C，因此可以认为物品 A 和物品 C 是相似的，如图 3-4 所示。因为用户 b 购买过物品 A 而没有购买过物品 C，所以推荐算法为用户 b 推荐物品 C。

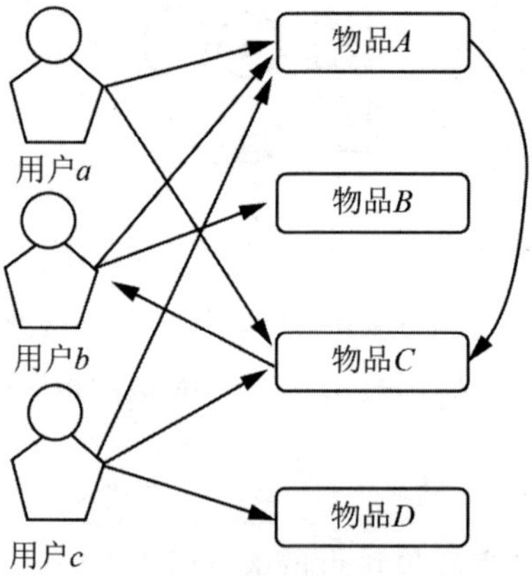

图 3-4　基于物品的协同过滤

2. 物品相似度算法

与 UserCF 算法不同，用 ItemCF 算法计算物品相似度是通过建立用户到物品倒排表（每个用户喜欢的物品的列表）来计算的。

图 3-5 展示了基于图 3-4 的数据建立用户到物品倒排表并计算物品相似度矩阵的过程。对每个用户“喜欢的物品”列表［图 3-5（a）］，都建立一个物品相似度矩阵 $\boldsymbol{M}_u$，如用户 a 喜欢物品 A 和物品 C，则 $\boldsymbol{M}_a[A][C]$ 和 $\boldsymbol{M}_a[C][A]$ 都加 1，以此类推，得到每个用户的物品相似度矩阵［图 3-5（b）］。将所有用户的物品相似度矩阵 $\boldsymbol{M}_u$ 相加得到最终的物品相似度矩阵 $\boldsymbol{R}$［图 3-5（c）］，其中 $R[i][j]$ 记录了同时喜欢物品 i 和物品 j 的用户数，将矩阵 $\boldsymbol{R}$ 归一化，便可得到物品间的余弦相似度矩阵 $\boldsymbol{W}$。

得到物品相似度后，再使用如下公式来度量用户 u 对物品 j 的兴趣程度 P_{ui}：

$$P_{ui}=\sum_{i\in N(u)\cap S(j,\ K)} w_{ji}r_{ui} \tag{3-3}$$

由式（3-3）可以看出，P_{uj} 与 UserCF 算法中的 P_{ui} 定义基本一致，也是将计算得到的 P_{uj} 进行处理后，取前 N 个物品作为最终的推荐结果展示给用户 u。

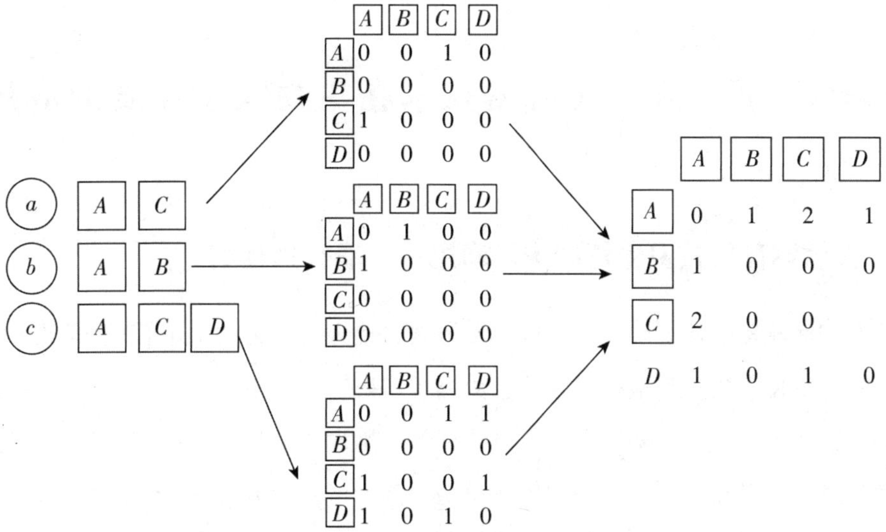

（a）用户喜欢的物品列表　（b）物品相似度矩阵***M***　（c）物品相似度矩阵***R***

图 3-5　用户到物品倒排表及物品相似度矩阵

（三）UserCF 算法和 ItemCF 算法的异同

UserCF 算法和 ItemCF 算法的思想是相似的，计算过程也类似，最主要的区别在于：UserCF 算法推荐的是那些和目标用户有共同兴趣爱好的其他用户所喜欢的物品，ItemCF 算法则推荐那些和目标用户之前喜欢的物品类似的其他物品。因此，UserCF 算法的推荐更偏向于社会化，而 ItemCF 算法的推荐更偏向于个性化。

UserCF 算法适合应用于新闻推荐、微博话题推荐等应用场景，其推荐结果在新颖性方面有一定的优势。但是，随着用户数目的增大，计算用户相似度将越来越困难，其运算时间复杂度和空间复杂度的增长与用户数的增长近似于平方关系。而且，UserCF 算法的推荐结果相关性较弱，容易受大众影响而推荐热门物品，同时 UserCF 算法也很难对推荐结果作出解释。此外，新用户或低活跃度用户会遇到“冷启动”的问题，即无法找到足够有效的相似用户来计算出合适的推荐结果。

ItemCF 算法则在电子商务、电影、图书等应用场景中广泛使用，并且可以利用用户的历史行为给推荐结果作出解释，让用户更为信服推荐的效果。但是，ItemCF 算法倾向于推荐与用户已购买商品相似的商品，往往会出现多样性不足、推荐新颖度较低的问题。

在实际应用中，常常采用将不同的推荐算法进行有机结合的方式，这样做往往能显著提升推荐效果。

◇ 第二节　大数据技术在生物医学领域的应用

一、大数据在公共卫生管理中的应用——流行病预测

大数据彻底颠覆了传统的流行疾病预测方式，使人类在公共卫生管理领域迈上了一个全新的台阶。以搜索数据和地理位置信息数据为基础，分析不同时空尺度人口流动性、移动模式和参数，进一步结合病原学、人口统计学、地理、气象和人群移动迁徙、地域之间等因素和信息，可以建立流行病时空传播模型，确定流感等流行病在各流行区域间传播的时空路线和规律，得到更加准确的态势评估、预测。大数据时代被广为流传的一个经典案例就是谷歌流感趋势预测。谷歌开发的可以预测流感趋势的工具——谷歌流感趋势，采用大数据分析技术，利用网民在谷歌搜索引擎输入的搜索关键词来判断全美地区的流感情况。

其实，谷歌流感趋势预测的背后机理并不难。对于普通民众而言，感冒发烧是日常生活中经常碰到的事情，有时候不闻不问，靠人类自身免疫力就可以痊愈，有时候简单服用一些感冒药或采用相关简单疗法也可以快速痊愈。相比之下，很少人会首先选择去医院就医，因为医院不仅预约周期长，而且费用昂贵。因此，在网络发达的今天，遇到感冒这种小病，人们首先就会想到求助于网络，希望在网络中迅速搜索到感冒的相关病症、治疗感冒的疗法或药物、就诊医院等信息，以及一些有助于治疗感冒的生活行为习惯。作为占据市场主导地位的搜索引擎服务商，谷歌自然可以收集到大量网民关于感冒的相关搜索信息，通过分析某一地区在特定时期对感冒症状的搜索大数据，就可以得到关于感冒的传播动态和未来七天流行趋势的预测结果。

二、大数据在医疗信息化中的应用——智慧医疗

随着医疗信息化的快速发展，智慧医疗逐步走入人们的生活。IBM 开发了沃森技术医疗保健内容分析预测技术，该技术允许企业找到大量病人相关的临床医疗信息，通过大数据处理，更好地分析病人的信息。加拿大多伦多的一家医院利用数据分析以避免早产儿夭折：医院用先进的医疗传感器对早产婴儿的心跳等生命体征进行实时监测，每秒钟有超过 3000 次的数据读取，系统对这些数据进行实时分析并给出预警报告，从而使得医院能够提前知道哪些早产儿出现问题，并且有针对性地采取措施。我国厦门、苏州等城市建立了先

进的智慧医疗在线系统，可以实现在线预约、健康档案管理、社区服务、家庭医疗、支付清算等功能，大大便利了市民就医，也提升了医疗服务的质量和患者满意度。可以说，智慧医疗正在深刻改变着人们的生活。

智慧医疗是通过打造健康档案区域医疗信息平台，利用最先进的物联网技术和大数据技术，实现患者、医护人员，医疗服务提供商、保险公司等之间的无缝、协同、智能的互联，让患者体验一站式的医疗、护理和保险服务。智慧医疗的核心就是“以患者为中心”，给予患者以全面、专业、个性化的医疗体验。

智慧医疗通过整合各类医疗信息资源，构建药品目录数据库、居民健康档案数据库、影像数据库（PACS）、检验数据库（LIS）、医疗人员数据库、医疗设备等卫生领域的六大基础数据库，可以让医生随时查阅病人的病历、患史、治疗措施和保险细则，随时随地快速制订诊疗方案，也可以让患者自主选择更换医生或医院，患者的转诊信息及病历可以在任意一家医院通过医疗联网方式调阅。智慧医疗具有以下三大优点。

第一，促进优质医疗资源的共享。有效解决医疗资源分布不均衡的问题，智慧医疗给整个问题的解决指明了正确的大方向：一方面，社区医院和乡镇医院可以无缝连接到市区中心医院，实时获取专家建议、安排转诊或接受培训；另一方面，一些远程医疗器械可以实现远程医疗监护，不需要患者亲自跑到医院，例如无线云安全自动血压计、无线云体重计、无线血糖仪、红外线温度计等传感器，可以实时监测患者的血压、心跳、体重、血糖、体温等生命体征数据，实时传输给相关医疗机构，从而使患者获得及时有效的远程治疗。

第二，避免患者重复检查。智慧医疗系统实现了不同医疗机构之间的信息共享，在任何一家医院就医时，只要输入患者身份证号码，就可以立即获得患者的所有信息，包括既往病史、检查结果、治疗记录等，再也不需要在转诊时做重复检查。

第三，促进医疗智能化。智慧医疗系统可以对病患的生命体征、治疗化疗等信息进行实时监测，杜绝用错药、打错针等现象，系统还可以自动提醒医生和病患进行复查，提醒医护人员进行发药、巡查等工作。此外，系统利用历史累计的海量患者医疗数据，可以构建疾病诊断模型，根据一个新到达病人的各种病症，自动诊断该病人可能患哪种疾病，从而为医生诊断提供辅助依据。患者服药方式也将变得更加智能化，不再需要采用“一日三次、一次一片”这种固定的方式，智慧医疗系统会自动检测到患者血液中的药剂是否已经代谢完成，只有当药剂代谢完成时才会自动提醒患者再次服药。此外，可穿戴设备的出现，让医生能实时监控病人的健康、睡眠、压力等信息，及时制订各种有效的医疗措施。

三、大数据技术在生物信息学中的应用

生物信息学是研究生物信息的采集、处理、存储、传播、分析和解释等方面的学科，也是随着生命科学和计算机科学的迅猛发展、生命科学和计算机科学相结合形成的一门新学科，它通过综合利用生物学、计算机科学和信息技术，揭示大量而复杂的生物数据所蕴含的生物学奥秘。和互联网数据相比，生物信息学领域的数据更是典型的大数据。

首先，细胞、组织等结构都是具有活性的，其功能、表达水平甚至分子结构在时间维度上是连续变化的，而且很多背景噪声会导致数据的不准确性。

其次，生物信息学数据具有很多维度，在不同维度组合方面，生物信息学数据的组合性要明显大于互联网数据，前者往往表现出“维度组合爆炸”的问题，比如所有已知物种的蛋白质分子的空间结构预测问题，仍然是分子生物学的一个重大课题。

生物数据主要是基因组学数据，在全球范围内，各种基因组计划被启动，有越来越多的生物体的全基因组测序工作已经完成或正在开展。除此以外，蛋白组学、代谢组学、转录组学、免疫组学等也是生物大数据的重要组成部分。每年全球都会新增 EB 级①的生物数据，生命科学领域已经迈入大数据时代，生命科学正面临从实验驱动向大数据驱动转型。

生物大数据使得研究者可以利用先进的数据科学知识，更加深入地了解生物学过程、作物表型、疾病致病基因等。将来每个人都可能拥有一份自己的健康档案，档案中包含了日常健康数据（各种生理指标，饮食、起居、运动习惯等）、基因序列和医学影像（CT、B 超检查结果）；用大数据分析技术，可以从个人健康档案中有效预测个人健康趋势，并为其提供疾病预防建议，达到“治未病”的目的。由此将会产生巨大的影响力，使生物学研究迈向一个全新的阶段，甚至会形成以生物学为基础的新一代产业革命。

四、基于大数据的综合健康服务平台构建

随着我国经济社会的持续快速发展，经济水平的提升和对更美好生活的追求使人民群众对健康服务的需求日益从传统的患病求医转为更加重视疾病预防和日常健康保健，全社会对健康管理、健康咨询等各种健康服务的需求正快速增加。目前，随着医疗信息化的深入，医疗健康大数据不断累积，成为一座蕴含巨大价值的“数据金矿”。因此，科技部提

---

① EB 是计算机存储单位，全称为 Exabyte，中文名叫艾字节，数据转换公式 1EB = 1024PB = 1152921504606846976B。1EB（万进级计数法中是“百京”字节）= 1024PB。

出，可以充分利用大数据技术构建基于大数据的综合健康服务平台，实现对健康大数据资源的整合应用，优化医疗健康服务流程，打造以医院、社区、平台为主的、“三位一体、相互协同”的综合健康服务新模式，充分发挥医院、社区、检查检验、健促中心、网站服务、移动服务、智能设备自动采集等线上线下（O2O）相结合的综合健康服务优势，提供更加丰富、更高质量的综合健康服务，实现未病先防、已病早治、既病防变、愈后防复，从而全面提升人民群众身心健康水平。目前，我国包括厦门在内的一些城市正在积极构建基于大数据应用的综合健康服务平台。

（一）综合健康服务平台的构建特点

综合健康服务平台将健康管理服务、医疗咨询服务与移动健康服务融合为一个提供“以人为中心”的、线上线下相结合的综合健康服务生态系统，突出基于大数据技术的综合健康服务模式与运营机制的示范性应用。平台以健康评估与个性化诊疗技术为核心，以大数据技术为依托，综合应用健康服务平台数据标准化、医疗健康数据集成、健康评估、个人隐私安全、信息安全、数据标准等技术，提供健康档案建档、健康教育、风险筛查、健康计划、健康跟踪、医疗协同等服务功能。鉴于用户人群类型覆盖广、所属区域分散、健康信息数据量大、更新速度快等特点，基于大数据的综合健康服务平台应满足以下需求。

第一，综合性。平台应能提供多种形式的健康服务，支持线上线下相结合的服务。可提供线下面对面的健康管理、呼叫中心支持的健康追踪、网站或移动设备支持的线上咨询、智能设备自助式健康数据采集等全方位、立体化、全程式的健康服务功能。具有高效率的平台集成管理、运营支持和控制能力，满足开放式平台的运营要求。

第二，开放性。健康服务平台服务范围广、渠道多，服务的用户和机构等类型众多，所以应保证平台的开放性，使公众、医院医生、健康促进团队、社区医生、卫生管理机构、第三方服务提供商和健康会员等广大用户都能方便地接入和使用。

第三，高可靠性。由于平台中包括数据集成、医疗协同、移动健康服务等内容，所以要充分重视平台的高可靠性。构建包括网络环境、工作平台、各子系统和数据信息在内的综合安全体系，以保证平台的正常运行。除了选用高可靠高可用的硬件、应用软件产品和技术，还要借助周密的计划、安排和实施方案，保证平台的高可靠性。

第四，可扩充性和灵活性。在发展迅速的健康服务领域，应用环境、系统的硬件或软件都会不断地加以更新。因此，平台的可扩展性以及前后兼容性的好坏决定着平台能否顺利发展。所以，平台必须具有可扩充性，方便、灵活地满足规模扩充和应用扩充的要求，其平台软硬件系统要建立在广泛的可升级的基础上。

第五，兼容性与规范性。各项设计规范、技术指标及产品均应符合国际标准和国家标准，以国家卫生健康委健康档案数据标准为指导，并提供对第三方健康服务内容和医疗机构服务的兼容能力，可以有效保护投资，拓展应用范围。

第六，便捷性。由于健康服务面向的是健康人群、亚健康人群以及慢性病人群，人群覆盖和地域覆盖范围非常广泛，平台必须具备便捷的数据上传采集能力和通过移动设备接收健康服务管理、咨询的能力。

（二）综合健康服务平台的总体业务

综合健康服务平台总体业务框架如图 3-6 所示。这类平台依托传统医学、预防医学、临床医学、运动医学、营养医学、空间信息技术等专业领域知识，结合网站、移动终端、智能可穿戴设备、呼叫中心、健康促进中心、医疗机构、检查检验结构，构建“以人为中心”的综合健康服务生态系统，系统与区域医疗信息平台、医疗保险机构、体检中心、第三方检验，影像、主动医疗服务以及医保新农合等已有医疗服务资源进行规范化、标准化的整合与协同，为综合健康服务提供连续、完整的医疗健康大数据支撑，实现健康管理、医疗咨询以及移动健康服务等综合健康服务业务。

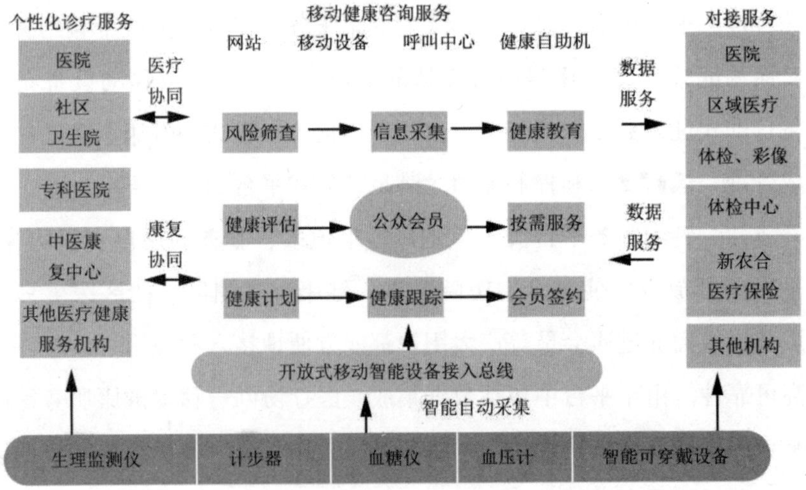

图 3-6　综合健康服务平台总体业务框架

（三）综合健康服务平台的体系架构

综合健康服务平台体系架构需要统一规划组织平台各层次功能模块，使得各模块之间层次结构明晰功能划分合理、相互协同有效，确保实现平台的整体性、灵活性、可靠性、可用性、安全性、规范性和可扩展性。

综合健康服务平台体系架构的设计，需要实现广泛异构数据源、大数据关键技术、健康评估和个性化诊疗技术、服务对象的深度融合。通过一体化的系统设计，可以有效整合医疗健康大数据资源，充分发挥大数据技术优势，有力提升健康评估和个性化诊疗技术水平，为用户提供有效的综合健康服务；借助门户网站、呼叫中心和移动终端等多种服务访问方式，可以为用户提供便捷、高效、灵活、个性化的综合健康服务；通过开放的平台设计，可以实现平台与第三方健康服务机构的应用、数据、用户等资源的共享，共同推动平台服务能力的提升和服务群体的拓展。

从技术实现的层面，按照平台体系功能的层次，综合健康服务平台体系架构可以划分为数据源层、技术支撑层、业务层、交互层和用户层。各个层次的内容如图 3-7 所示。

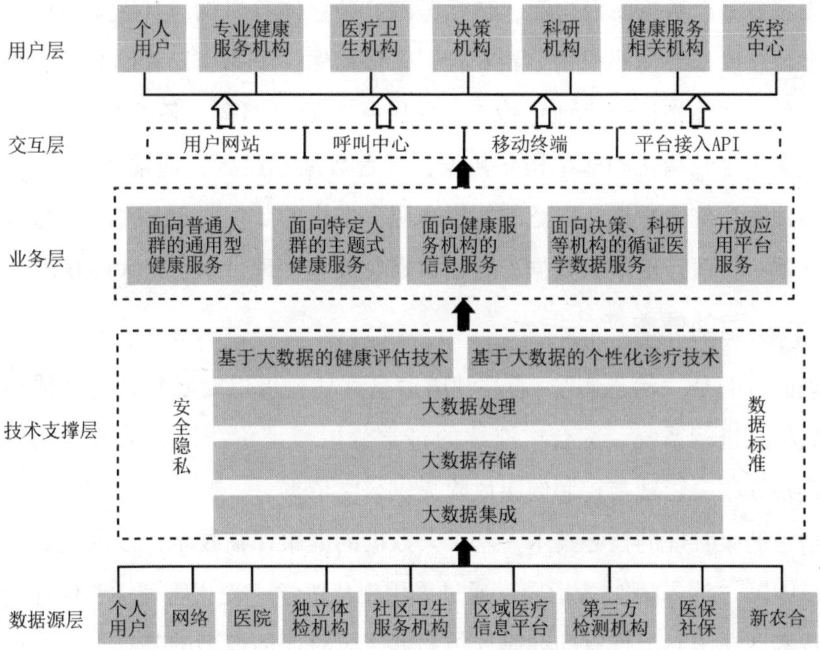

图 3-7 综合健康服务平台体系架构

（1）数据源层。包含了平台的各种数据来源，包括各种机构（医院、独立体检机构、社区卫生服务机构、区域医疗信息平台、第三方检测机构、新农合、医保社保）、个人用户和网络。

（2）技术支撑层。包括大数据的存储、集成与处理、健康评估技术、个性化诊疗技术、数据标准、安全隐私等模块，可以支持实现高效的个人健康信息整合、准确的健康风险分析评估、直观的评测报告可视化和个性化的健康计划制订等功能。

(3) 业务层。平台对外提供多种服务，主要包括面向普通人群的通用型健康服务，面向特定人群的主题式健康服务，面向健康服务机构的信息服务，面向决策、科研等机构的循证医学数据服务以及开放应用平台服务等。

(4) 交互层。平台提供对外服务的渠道，包括门户网站、呼叫中心、移动终端和平台接入 API。

(5) 用户层。平台的服务对象，包括个人用户、专业健康服务机构、医疗卫生机构、健康服务相关机构（保险公司、医疗器械厂商、药厂等）、决策机构、科研机构、疾控中心等。

(四) 综合健康服务平台的关键技术

1. 大数据集成、存储和处理技术

综合健康服务平台数据来源广泛，包括医院、独立体检机构、社区卫生服务机构、区域医疗信息平台、第三方检测机构、新农合、医保社保、个人用户和网络等；平台数据内容多样，包括病史、体格检查、理化检查、居民基本健康档案、各类个人信息和网页等，涉及结构化数据、半结构化和非结构化数据；平台数据量巨大，通常要包含 1000 万以上个人用户的各种医疗健康数据。广泛的数据来源、多样的数据类型、海量的数据，构成了平台的数据基础——医疗健康大数据，这给数据集成和管理带来了很大的技术挑战。

2. 基于大数据的健康评估技术

健康管理的目的是“治未病”。通过健康信息评估，可以对收集到的个体和群体的健康状态和疾病信息进行系统、综合、连续的科学分析与评价，目的是为个性化诊疗、维护、促进与改善健康、管理与控制健康风险提供科学依据。

健康评估是健康管理的核心技术。基于大数据的健康评估技术，以现代健康概念和新医学模式以及中医“治未病”为指导，通过采用现代医学、现代管理学、统计分析和数据挖掘的理论技术，在国际上现有的健康评估和健康风险评估模型的基础上，通过综合健康服务平台的“全样本”医疗健康大数据分析，综合考虑人的生理、心理、社会、行为方式、生活习惯等各方面指标，建立适合我国不同人群的健康状态评估模型和健康风险评估模型，对国民的个体或群体整体健康状况、影响健康的危险因素、疾病风险进行全面检测、评估和有效干预。其目的是以最小投入获取最大的健康效益，节省医疗资源，提升全民的健康水平和生活质量。

3. 基于大数据的个性化诊疗技术

已有的诊疗手段在很大程度上均来自医学专家知识，具有非实时性、一般性和普遍性的特点。从本质上来说，仍属于“以医疗为中心”的模式和范畴。使用大数据技术推动诊疗模式向“以人为中心”转变，可以消除由于信息不对称和信息贫乏造成的用户和医务工作者之间的鸿沟。一方面，广大用户缺乏医学领域的相关知识，无法有效地通过健康服务平台搜索自己需要的健康信息，并辨别其准确性和对自身的价值；另一方面，广大医务工作者由于缺乏数据支撑和知识参考，无法针对用户设计个性化的诊疗和干预方案。综合健康服务平台的医疗健康大数据和大数据技术，为建立“以人为中心”的新的诊疗模式提供了全面有效和准确客观的新手段。

基于大数据的个性化诊疗技术，依托大数据平台，充分利用医学专家经验知识、健康教育信息和健康管理技术，在健康评估技术的基础上，为用户提供更加个性化和精细化的医疗咨询服务，为医务工作者提供个性化的处方定制功能。

◇ 第三节　大数据技术在企业财务管理中的应用

一、大数据技术在企业筹资管理中的应用

企业筹资是指企业根据其生产经营、对外投资以及调整资本结构等需要，通过一定的渠道，采取恰当的方式，获取所需资金的一种行为。

筹资管理作为企业财务管理的首要环节，对企业后续的投资管理、生产经营、利润分配起着至关重要的作用。云会计的发展恰好为企业筹资管理提供了良好的技术支持。那么，如何利用云会计平台获取与筹资管理相关的数据，并运用这些数据构建企业筹资管理的模型以提高企业筹资决策的效率，成为企业云会计应用中亟须解决的重要问题。

根据云会计提供的服务功能，提出了基于云会计的筹资管理模型，其具体结构分为数据层、基础设施层、平台层、应用层和硬件虚拟化层，每一层都由对应的服务构成。

（一）基于 DaaS 的数据获取

利用数据即服务（DaaS）获取的与企业筹资决策相关的数据资源较为广泛，既包括企业内部 ERP 系统产生的财务状况、经营状况、成本习性、决策者的态度等结构化数据，又包括企业外部的财税政策、资本市场、行业因素、中介机构等半结构化、非结构化数据。

数据获取模块可借助物联网技术，通过图像扫描、条码识别、传感器收集等方式获取

与筹资决策相关的大量数据，并通过数据传输模块传递到数据处理平台。

（二）基于 PaaS 的数据分析

利用平台即服务（PaaS）来构建云会计的数据分析平台。该平台借助层次分析、TOPSIS 法、贝叶斯分析等数据分析方法和关联规则挖掘、决策树、人工神经网络等数据挖掘方法，将经过处理后的标准数据进行筛选、转换，从而分析出与预测筹资规模、选择筹资方式、控制筹资成本相关的信息。

（三）基于 IaaS 的数据处理

利用基础设施即服务（IaaS）构建云会计的数据处理平台，该平台将数据层获取的数据运用 ETL 工具抽取、转载、加载到多个数据仓库中，并借助 Hadoop、HPCC、Storm 等大数据处理技术对各类结构化、半结构化、非结构化数据进行分析处理，最终存储于企业的 DBMS、File、HDFS 等数据中心。

（四）基于 SaaS 的筹资决策

利用软件即服务（SaaS）来构建云会计的各类应用系统，具体包括筹资规模预测系统、筹资方式选择系统、筹资成本控制系统。

1. 筹资规模预测系统

企业预测筹资规模时需先测算留存收益、自然融资等企业内部融资需求量，再预测企业外部融资需求量。

（1）依据数据分析平台分析出的企业未来的销量、价格、销售净利率、留存收益率等指标，计算出企业新增留存收益金额。

（2）按照分析出的企业未来的采购量、价格、付款方式、敏感负债占销售额的百分比，测算出新增的自然性融资金额。

（3）根据测算的企业资金总需求量减去留存收益和自然融资提供的资金需求量，得出企业外部的融资需求量。

2. 筹资方式选择系统

企业的筹资方式包括权益筹资、债务筹资和混合性筹资三种方式。企业在选择具体筹资方式时需综合考虑各方面因素，其中包括：依据数据分析平台提供的信息，判断投资者的投资意向和投入资产的估价信息，为能否选择吸收直接投资提供参考；根据股票、债券等证券数据和企业的盈利指标、股利分配方案，判断能否发行普通股、优先股、企业债券；对不同银行的信贷条件进行对比分析，为银行借款方式的选择提供依据；对不同企业的融资租赁条件进行比较分析，为融资租赁方式的选择提供依据。

3. 筹资成本控制系统

企业对筹资成本的控制需做到资本成本最低化、资本结构最优化、筹资风险最小化。在筹资成本控制系统中，企业可根据筹资费、用资费、现金流量等信息，分别计算个别资本成本来比较不同筹资方式的优劣，计算加权平均资本成本来衡量资本结构是否合理，计算边际资本成本来判断是否需要追加筹资；根据每股收益、折现率、企业价值等信息，运用每股收益无差别点法和企业价值分析法来选择不同的筹资方式，以确保企业达到最佳资本结构状态；通过对经营杠杆和财务杠杆的分析计算，判断企业的经营风险和财务风险大小，适时调整销量、价格、成本、利息等指标，力求降低企业的筹资风险。

（五）基于 HaaS 的服务器集群

利用硬件即服务（HaaS）来构建具备有效弹性计算能力的服务器集群，为基于云会计的企业筹资管理系统提供硬件保障。该服务器集群包括数据层的数据获取模块和数据传输模块，基础设施层的数据处理模块和数据存储模块，平台层的数据分析模块和数据挖掘模块，应用层的筹资规模预测模块、筹资方式选择模块和筹资成本控制模块。

二、大数据技术在企业财务决策中的应用

（一）大数据技术应用的可行性分析

由于传统财务决策存在的局限性和大数据技术在企业财务决策中的应用优势，在企业现有财务决策平台中引入大数据技术是非常有必要的。但是在实际应用之前，企业相关部门需要先进行可行性分析，对基于大数据技术的企业财务决策平台的构建从技术和经济方面的可行性进行考察。

1. 技术方面的可行性分析

从硬件系统上看，计算机硬件技术的发展升级为企业财务决策平台提供了基础的硬件保障。从软件系统上看，数据仓库、智能财务系统等在内的数据软件为多样化、智能化的财务决策平台提供了先进的软件支持。

就大数据技术来说，大数据收集技术的应用，使得企业对于非结构化数据的采集处理

具有较强的可实现性，很大程度上提升企业对非结构化数据的利用价值。互联网系统和智能终端的发展，也大大拓展了企业获取非结构化数据的信息渠道，丰富了企业的数据信息基础，提高了企业财务决策的准确性。企业管理人员运用大数据处理技术可以帮助企业更好地分析经营业务数据和财务活动数据，充分挖掘出这些数据背后的潜在价值，为企业的财务决策方案提供依据。从数据到图形的可视化技术，帮助企业管理人员更好地理解财务指标的分析结果，并以此为依据，制订财务决策方案。

2. 经济方面的可行性分析

在现代企业生产经营活动过程中，企业管理人员做出的任何决策都离不开成本效益的比较评价，因此，基于大数据技术进行财务决策同样要考虑经济效益原则，降低企业成本、充分合理地利用企业现有资源的有效手段。将大数据技术引入企业财务决策过程中，一方面能够利用大数据收集技术获取企业财务决策所需要的各种类型数据，然后利用大数据分析与挖掘技术，发掘数据资源的使用价值，辅助企业进行精准有效的决策，为企业创造更大的收益；另一方面，大数据技术主要涉及软件系统开发，企业数据的获取可以通过与企业内部系统和互联网进行连接，无须投入更多的资本购买新的硬件装备。企业数据的分析和处理只需在系统软件上进行。总体来看，大数据技术在企业财务决策中的应用成本低但效益高。因此，对于一般的企业来说是可以承担大数据技术的使用所带来的经济费用的。

（二）大数据技术应用的具体要求

1. 以财务基本原理为指导

大数据技术在企业财务决策中的应用是以大数据技术为工具，依据财务的相关理论辅助企业管理层制订财务决策方案的过程。因此，大数据技术在企业财务决策的应用需要以财务基本原理为指导。其优势如下。

（1）基于最基本的财务分析和财务决策原理，大数据技术在企业财务决策的实际应用过程中就可以形成清晰可行的数据分析思路，从而选取适合的财务分析方法，为企业财务决策提供重要的参考价值。

（2）当财务分析结果与事实不符时，可以基于财务基本原理对照大数据平台中的模型公式，对模型中的数据参数进行修改，从而降低了企业管理人员财务决策失误的可能性。

（3）大数据技术在企业财务决策中的应用过程就具备扎实的理论基础，使得财务分析结果能够真正为企业财务决策人员所用，数据分析结果真正发挥出价值。总之，大数据技术在企业财务决策的应用过程中，要严格以财务基本原理为指导原则。

2. 智能化原则

智能化，是大数据技术应用于企业财务决策过程中的重要实现目标。具体表现如下。

(1) 实现数据的数字化管理。企业财务管理人员应充分利用大数据处理技术将企业能够获得的所有数据信息以数字化的形式进行存储，确保基于大数据技术的财务决策平台能够及时有效地对数据进行分析，同时根据分析结果为企业财务人员的决策制订提供支持。

(2) 基于大数据技术的企业财务决策平台应该与企业内部所有部门的信息系统进行连接，同时与所有子公司的财务数据和非财务数据仓库进行对接，实现企业内部信息数据和外部信息数据的连通，真正实现企业财务决策平台的智能化管理。

(三) 企业财务决策平台的功能需求

将大数据技术引入企业财务决策过程中，主要是为了利用大数据技术更好地实现财务目标，辅助财务管理者制订财务决策方案，提高财务决策效率。通过对企业经营过程中财务数据和业务数据的分析，能衡量企业经营状况和财务状况，辅助企业管理层及时做出科学的决策。在企业财务决策过程中，需要对企业内部资金进行预算管理，尤其在制订投资决策方案时，企业管理人员要对企业内部自由现金流量进行精准预算，以发挥出更大的价值。因此，构建的财务决策支持平台应包含财务指标分析、财务预测预算和财务决策支持这三项基本功能。

1. 财务指标分析

财务指标分析功能是企业财务决策支持平台的基础功能。企业决策人员通过对相关指标进行财务分析，辅助企业管理人员进行决策方案制订。

(1) 财务指标分析的主要优势。基于大数据技术的财务指标分析功能对于传统的企业财务分析而言，所具备的主要优势如下。

第一，实现数据的实时分析。传统企业的财务分析所依赖的数据大多是经过会计核算完成后的数据，之后再对有关数据进行分析，这样的分析结果具有一定的滞后性，不利于企业管理人员制订精准有效的财务决策方案。在大数据技术的应用环境下，企业财务分析所依赖的数据是数据仓库中的数据，能够在数据源头上对数据实时进行更新，实现实时数据的财务分析。

第二，提高企业财务分析结果的精确度。大数据获取技术的应用使得企业能够尽可能地获得所需要的数据，通过大数据处理技术能够对数据进行更好的处理，保证数据的完整性，从而使得财务分析结果更加精准。

第三，实现不同企业间实时财务指标对比。大数据技术的应用使得企业财务信息系统拓展了数据源，接入了税务、审计、互联网等外部系统，因此，可以提供不同企业间实时财务指标对比功能。

（2）财务指标分析的类型。财务指标分析一般可以分为以下两大类。

①报表结构分析。报表结构分析主要是基于企业资产负债表、利润表和现金流量表数据进行分析，研究企业的资产结构、负债情况、股东权益结构等。通过研究企业的报表结构，可以初步了解企业目前的财务状况和经营状况。

②财务能力分析。企业的财务能力分析主要可以从盈利能力、偿债能力、营运能力、成长能力、现金流量等方面进行。盈利能力体现企业在本年度内取得的经营成果；偿债能力和资本结构则表现了企业未来偿还债务的能力；营运能力和成长能力表现了企业的可持续发展能力；现金流量表示企业自由现金流的运转能力。

2. 财务预测预算

财务预测预算是企业管理人员制订科学决策方案的前提。

财务预测是基于企业生产经营活动和财务活动中的历史数据来预测该指标数据在未来一段时间内的变化情况，比如对企业盈利能力的预测，就可以结合财务报表中的相关盈利能力的指标进行分析，预测企业在未来一段时间内的经营状况。

财务预算就是在对财务数据非财务数据经济指标未来预测的基础上，对企业在产品生产成本、销售费用、投资成本等方面进行预算估计，主要目的是对企业未来资金、成本、盈利水平进行测算，便于企业管理人员进行财务决策。

引入大数据技术之后，企业的财务预测和预算系统可以进行实时的动态更改，也就是说，某一个指标的预测或预算输出后并非系统对该指标的预测或预算值就固定不变了，而是系统一旦检测出有新的数据会对该指标的预测预算产生影响，后台就自动对该指标进行新的预测预算估计，并将预测预算结果实时输出。基于大数据技术的财务决策支持平台的财务预测预算功能流程如图 3-8[①] 所示。

---

① 李童. 大数据技术在企业财务决策中的应用研究［D］. 北京：北京邮电大学，2021：19-30.

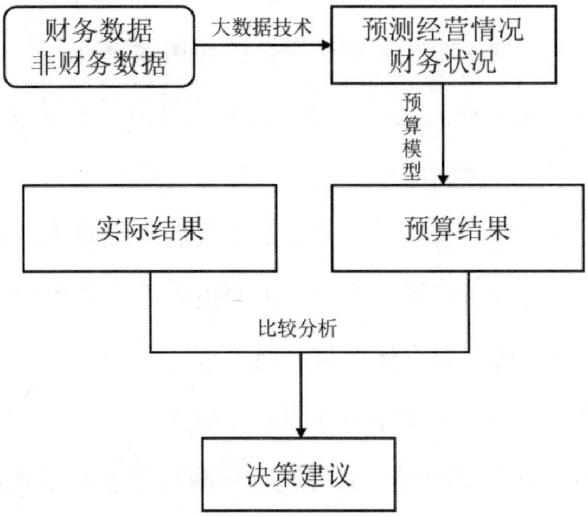

图 3-8　财务预测预算功能流程

基于大数据技术对企业经营情况和财务状况进行预测，要注意以下三点。

首先，财务管理人员要对企业日常经营活动和财务活动所产生的时间序列数据进行平稳性检验，并对异常值和缺失值进行标准化处理，充分保证数据的完整性。

其次，要调取模型数据仓库中的时间序列分析模型和趋势分析模型，结合处理后的数据，对企业的财务状况和经营状况进行科学预测。

最后，结合资本结构、现金流量等指标预估企业的资金需求量，根据时间序列分析模型和趋势分析模型对企业在未来一段时间内的经营状况和财务状况进行科学评估。

下面将具体从四个能力方面的财务预测目的和过程进行分析。

（1）偿债能力预测。对企业的偿债能力进行预测是为了衡量企业是否具有按时偿还到期债务的能力。企业的偿债能力越强，企业就能更容易地从债权人借取资金用于企业的生产经营活动，优化企业的资金结构。基于大数据技术下的时间序列分析方法预测企业的偿债能力，既可以清楚地知道企业当前的债务结构，又可以在未来一段时间内通过调整资本结构来降低资金的使用成本。对企业的偿债能力进行预测，可以基于短期偿债能力和长期偿债能力的时间特性，将流动比率和速动比率作为预测企业短期偿债能力的财务指标，又可以将资产负债率和利息保障倍数作为预测企业长期偿债能力的财务指标。

（2）营运能力预测。对企业的营运能力进行预测是为了反映企业合理运用现金资产的能力。企业的营运能力越强，说明企业运用现金资产的能力越强，能为企业带来尽可能大的效益价值。在大数据技术条件下对企业的营运能力进行预测，可以选取应收账款周转率、存货周转率、流动资产周转率等指标，综合运用时间序列分析法和趋势分析法。假如财务预测的结果表明企业生产活动的资金周转速度快，企业的营运能力强，在一段时间内企业获得的经济效益也大，则说明企业对于资金的使用效率高。

（3）盈利能力预测。对企业的盈利能力进行预测是为了衡量企业在一段时间内的经营状况的优劣。假如企业在该段时间内的盈利能力较强，则说明企业的发展趋势很好，有良好的发展前景，企业获取的利润可以为未来的企业发展提供有力的资金支持。同时也会吸引投资者对企业的生产经营进行投资，为企业带来更大的效益价值。基于大数据技术下的时间序列分析方法和趋势分析法对企业的盈利能力进行预测，可以选取总资产报酬率、净资产报酬率、销售净利率等财务指标作为预测的分析指标。

（4）成长能力预测。对企业的成长能力进行预测是为了衡量企业未来的发展速度和进步空间。企业的较强成长能力往往伴随着企业规模的不断扩大、业务范围的不断拓展、市场占有率的持续增加。在大数据技术条件下，基于时间序列分析法和趋势分析法对企业的成长能力进行预测，可以选取营业增长率、总资产增长率、自由现金流量等财务指标作为分析预测的指标。通过对企业成长能力的预测分析，考察企业在未来的生产经营活动和财务活动中自由现金流量的变化趋势，预测企业在未来的融资活动和筹资活动所产生的自由现金流量的多少。

3. 财务决策支持

财务决策支持功能是大数据技术应用在企业财务决策过程中的最根本的功能体现。在以往的财务决策制订模式下，企业决策人员除了依据基于会计核算数据的财务分析结果，还凭借自身多年的财务决策经验进行财务决策方案的制订，具有一定的片面性和主观性。而将大数据技术引入企业的财务决策过程，使得企业财务决策更多地依赖于对企业数据的处理分析，基于财务分析结果制订更为客观精准的财务决策方案。同时基于决策数据仓库中以往的数据信息和数据模型，可以为企业管理者进行决策方案制订时提供参考依据。

基于企业财务决策内容分类的角度，企业的财务决策支持功能一般包括四个方面：经营决策支持、投资决策支持、融资决策支持、利润分配决策支持。

（1）经营决策支持。企业的经营决策可分为生产决策、销售决策和存货决策等。

首先，生产决策一般包括产品的生产计划决策和生产成本决策这两部分内容。企业的生产计划决策是基于企业管理者签订的产品生产合同中列明的交货日期等指标的分析结果制订产品生产计划的安排方案和执行方案。企业管理者通过对财务指标进行分析，发现企业产品生产过程中可能发生的问题，通过制订产品生产决策方案，解决这些可能存在的问题，同时进一步提高企业的生产经营效率。产品的生产成本决策可以从原材料成本、制造车间工人的薪酬、车间的投入产出等指标进行财务分析，辅助企业管理人员制订科学有效的生产成本决策方案，从根本上降低企业的生产成本，实现企业利润的最大化。

其次，销售决策是基于产品库存、产品销售额、应收账款、主营业务收入和销售费用等指标进行分析，绘制销售额趋势图，产品库存趋势图等，辅助企业管理人员进行销售决策方案的制订过程。

最后，存货决策是基于对库存商品数据的统计分析，发现存货数量的变化趋势图。若产品存货积压过多，导致企业资金周转率低，会给企业带来潜在风险。因此，企业管理人员可以调整库存结构，制订低价格战略的存货决策措施，通过薄利多销的方式把存货销售出去，解决企业潜在的问题。

（2）投资决策支持。企业的投资决策是利用企业内部的闲置资金，投资企业项目，期望为企业带来较优的投资收益的决策过程。投资决策的一般过程是首先要明确投资的目标对象，确定投资方向。然后对企业内部的资金结构进行分析来制订切实可行的投资方案。最后组织企业的相关决策人员对备选的投资方案进行评价，并结合投资风险和企业自身发展的需要，确定投资决策方案。

（3）融资决策支持。企业的融资决策是基于企业实际发展的需要，企业决策人员选择合理的融资金额和融资方式，降低企业的财务风险的过程。通过对企业资产负债率、资金结构等指标进行分析选择适当的融资金额，提高企业的资金周转率，通过向银行借款、在股市市场发行股票和在债券市场发行债券等方式进行融资，降低企业的资金使用成本。

（4）利润分配决策支持。企业的利润分配决策是企业管理人员在年底根据当年企业的盈利情况，同时考虑到企业的长远发展需要，制订股东利润分配方案的过程。利润分配决策一般涉及股东之间分配比例和分配方式等决策方案的制订。

（四）企业财务决策平台的结构设计

企业财务决策平台结构的总体框架，应包括：①基于企业内部的财务系统、外部系统和其他相关网站来获取企业内部各部门、供应商、客户、产品、同行业其他企业等数据；②将收集的原始数据进行加工处理，存储到数据仓库中；③利用大数据技术分析方法对处理后的数据进行分析与挖掘，根据财务分析结果制订最优的财务决策方案；④将输出的结果以可视化的形式进行展示。

总体来说，基于大数据技术的企业财务决策支持平台的结构设计框架如图 3-9 所示。

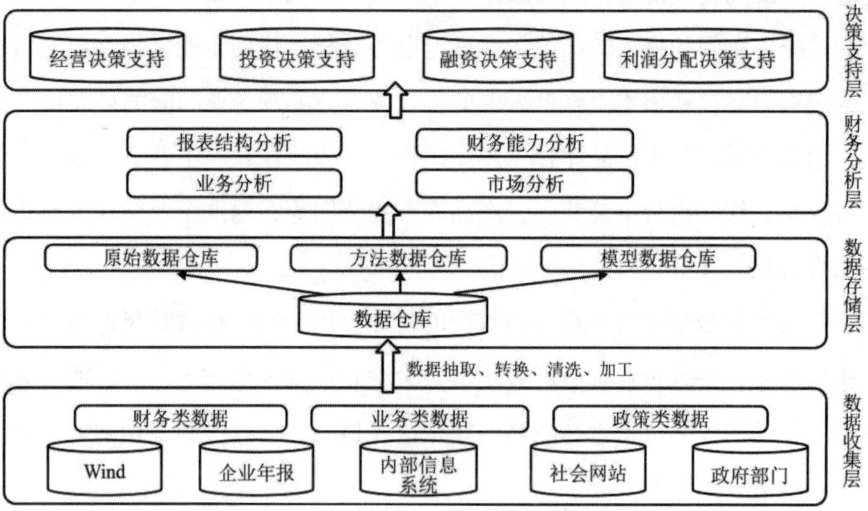

图 3-9　基于大数据技术的企业财务决策支持平台的结构框架

1. 数据收集层

数据是企业管理人员进行决策的基础。大数据技术的使用，解决了企业传统财务数据分散和滞后的问题，通过对企业的综合核算数据和业务数据进行集成和实时更新，使得企业人员决策的数据基础更加稳固。

基于大数据技术获取的原始数据主要包括以下三类：

（1）财务类数据。财务类数据主要包括财务报表数据和财务能力指标数据。

（2）业务类数据。业务类数据是企业日常生产经营活动中产生的非财务数据，主要包括供应商的基本信息、客户基本信息、订单合同等非结构化数据和企业销售额、生产成本等结构化数据。

（3）政策类数据。政策类数据主要是企业人员从外部获取的数据，主要包括财政法律法规、会计政策、会计制度、财务准则等宏观环境数据和政策性数据，经过简单的数据分类后存放到数据收集层。

从数据来源来说，在大数据技术的帮助下，企业不仅可以从企业内部数据库、OA 办公系统、金融数据库等获取财务类数据或业务类数据等，还可以从企业外部网站、社交媒体网络等外部环境通过爬虫获得文本数据、宏观经济数据等政策类数据。

2. 数据存储层

由于财务类数据在金融数据库中是公开的、可获取的，可以直接从数据库导出相关财务数据报表和财务能力指标数据，然后通过连接接口导入企业财务决策支持平台中。对于业务类数据和政策类数据，难以直接导入平台中，需要借助于大数据技术如 Hadoop 技术进行处理，有效存储传统数据库难以存储的数据。

在数据存储处理的过程中，需要构建以下三种类型的数据仓库。

（1）原始数据仓库。原始数据仓库主要包括财务类数据、业务类数据和政策类数据，通过对这些数据分类汇总，构成完整的原始数据仓库。

（2）方法数据仓库。方法数据仓库主要包括财务分析方法、财务决策方法、财务指标的计算公式等各种方法和算法，和企业管理人员的历史财务决策方案数据。企业管理人员在后续进行相关财务决策时可以借助这些财务决策经验措施来辅助新的财务决策方案制订。

（3）模型数据仓库。模型数据仓库主要包括财务分析、财务预测和财务决策的数据模型，比如杜邦财务分析体系、沃尔森财务分析评价体系和相关财务指标的趋势分析模型等。

3. 财务分析层

通过利用模型数据仓库中的各种财务分析模型对原始数据仓库中的数据进行提取和分析，根据分析结果为企业管理人员提供相关的财务决策支持。比如，企业人员可以基于原始数据仓库中的财务类数据选取适当的财务分析指标，调用方法数据仓库中可以适用的财务分析方法，对企业财务活动的某一环节进行分析。企业财务分析结果是用来评价企业经营状况和财务状况的重要标准，是企业管理者、股东、投资方、债权人制订相关决策方案的重要凭据。基于大数据技术应用下的企业财务分析是以原始数据仓库中的数据为基础，采用方法数据仓库和模型数据仓库中的技术方法和技术模型，对企业过去和现在的经营情况和财务状况进行分析和评价，为企业管理者制订精准有效的财务决策方案提供依据。

财务分析层可以分为以下四个模块。

（1）报表结构分析模块。该部分可以分为三个子模块：①资产分析模块，主要包括资产结构分析、货币资金的变动情况分析、存货分析和应收账款分析等；②负债分析模块，主要包括负债结构分析、流动负债和非流动负债的变动情况等；③股东权益分析模块，主要包括股东权益构成情况分析和实收资本分析等。

（2）财务能力分析模块。该部分可以分为以下六个子模块：①盈利能力分析模块，主要包括对总资产报酬率、净资产收益率和销售利润率的变动情况分析等；②偿债能力分析模块，主要是对资产负债率、流动比率和速动比率的变动情况分析等；③营运能力分析模块，主要是对资产周转率、应收账款周转率和存货周转率的情况分析等；④成长能力分析模块，主要是对资产增长率、股东权益增长率的变化情况分析等；⑤现金流量分析模块，主要包括现金的总流入分析、现金的总流出和经营活动现金流量净额变化情况分析等；

⑥资本结构分析模块，主要包括自有资本比率变动分析、流动资产构成比率变动分析和流动负债构成比率变动分析等。

(3) 业务分析模块。该部分可以分为三个子模块：①生产分析模块，主要包括对原材料、职工薪酬和费用要素的变化情况分析等；②销售分析模块，主要是对产品销售额、广告宣传费用变动情况分析；③存货分析模块，主要包括存货数量和存货方式的变动情况分析等。

(4) 市场分析模块。市场分析模块主要包括行业竞争对手分析、行业政策变化分析和市场份额的变化情况分析等。

4. 决策支持层

(1) 经营决策支持。企业的经营决策一般包括生产决策、销售决策和存货决策等。

首先，从生产决策来说，可以结合该产品以往的销售情况和当前的库存情况决定最佳的生产数量，降低因产品生产过多而产生的不必要的成本花费。因此，需要对产品的销售数量和库存数量做趋势分析，预测未来的生产数量，辅助制订生产决策方案。

其次，从销售决策来说，首先可以选取原始数据仓库中的产品销售额、销售成本、销售费用、广告宣传费用等业务类数据作为财务分析的核算指标。随后通过趋势分析法在财务决策支持平台展示产品销售额变化趋势图和产品成本费用的趋势对比图等，辅助企业管理人员制订最优的销售决策方案。

最后，从存货决策来说，企业的存货决策主要涉及的是材料和产成品的决策，主要是为了确定合理可行的经济订货量和何时订货才是最有利的时机，以达到在存货上耗费的总成本最小的目的。但企业在下一年度产品销售量的不确定性使得存货决策方案的制订成为问题。企业管理人员可以借助以往存货决策支持数据库的信息，并对历史销售数据、存货数量以及用户调研数据，运用决策树方法帮助企业管理人员确定需求量的变化范围和发生概率，并提供最优方案的参考数据。

(2) 投资决策支持。大数据技术在企业投资决策分析的应用过程主要有以下四个步骤。

步骤一：结合企业发展的短期目标和长远规划，确定当前企业发展过程中最需要投资的目标对象。

步骤二：结合数据仓库中的企业面临的内外部投资的宏观经济环境数据、行业变化趋势数据，以及同行业竞争对手的相关市场信息数据，结合模型数据库中的分析模型对企业项目的投资风险和投资成本进行分析，尽可能地使投资风险和投资成本最小化。

步骤三：基于对时间价值因素的考虑，结合数据仓库中的净现值、现值指数等相关财务指标对此次项目的投资收益进行预估。

步骤四：对照方法数据库中历年来企业投资决策的具体实施情况，对现有的投资决策方案进行评价，从中选取最优的投资决策方案。

在投资决策中，需要分析投资项目的基本类型，评价投资的资产组合因素，深入分析投资决策指标，模拟投资过程，制订投资决策和风险防范措施。具体包括：①根据企业内部每年的历史数据对企业的资金组成结构和使用情况以及变化趋势等方面分析；②从时间、财务指标、同行业情况、市场定位、消费者偏好、负债情况等维度对投资环境的变化趋势分析，并从时间、行业分类等维度对投资报酬和风险等方面分析；③对投资收益进行预测，采用净现值法、内含报酬率法、回收期法、净现值率法等模型对不同投资项目评价；④结合方法数据库中的以往历史数据判断，选择最优的投资项目。

（3）融资决策支持。大数据技术在企业融资决策的应用一般包括企业对融资时间的选取、融资渠道的选择，融资金额的考量、融资成本的计算和融资风险的预估。在融资决策的实践应用过程中，首先要对财务类指标进行分析，如资产结构、资金的使用情况和当前企业的债务结构等，然后对于企业管理人员进行融资所带来的融资成本、资金获取时间的长短和融资方式的选择等方面进行考量，分析不同融资方案给企业带来的风险。在对所有因素进行综合考量后，选择出最优的融资决策方案。

在融资决策中，企业财务人员需要先对企业的资产情况和负债情况进行分析，通过建立资产结构、债务结构等多个模型分析企业的资产构成和债务构成，为企业选择合适的融资方式提供决策依据。大数据技术在企业融资决策的应用过程中，改变了传统化单一的融资模式，不仅仅依靠银行借款进行企业融资，而是充分利用大数据技术的优势，将收集到的资本市场信息、行业政策等外部信息汇总到信息平台，帮助企业拓宽融资渠道，比如存在企业重组兼并、发行企业债券等多种形式，降低企业的融资成本，提升企业的经济效益。

（4）利润分配决策支持。将大数据技术应用到企业的利润分配决策过程中，应从以下三个方面进行考量。

①在满足企业日常生产经营活动和财务状况良好的条件下，着重考量企业经营活动产生的现金流量、资产结构和资产流动性所带来的影响。

②基于股东实际控制权的考量，即在企业日常发展保持稳定的情况下，对股东的实际收入和控制权进行实际考量。

③基于对债权人利益的考量。企业在对股东进行利润分配之前，需利用企业的现有盈利资金先偿还债务，保护债权人的合法权益。因此，对企业利润构成、利润分配比率等数据指标综合分析时，应结合企业的负债情况、经营发展情况、股东权益和相关法律法规的要求，确定最佳的利润分配方案。

第四章 人工智能及其未来发展

◇第一节 人工智能及其学科体系

“人工智能是21世纪三大尖端技术之一，其发展对人类进步具有深远影响。”近年来，人工智能发展迅速，已经成为科技界和大众都十分关注的一个热点领域。尽管目前人工智能在发展过程中，还面临着很多困难和挑战，但人工智能已经创造出了许多智能产品，并将在越来越多的领域制造出更多甚至是超过人类智能的产品，为改善人类的生活做出更大贡献。

一、人工智能及其代表学派

智能是指学习、理解并用逻辑方法思考事物，以及应对新的或者困难环境的能力。智能的要素包括：适应环境，适应偶然性事件，能分辨模糊的或矛盾的信息，在孤立的情况中找出相似性，产生新概念和新思想。

自然智能是指人类和一些动物所具有的智力和行为能力。人类智能表现为有目的的行为、合理的思维，以及有效地适应环境的综合性能力。智力是获取知识并运用知识求解问题的能力，能力则指完成一项目标或者任务所体现出来的素质。

人工智能是相对于人的自然智能而言的，即“人造智能”，指用人工的方法和技术在计算机上实现智能，以模拟、延伸和扩展人类的智能。由于人工智能是在机器上实现的，所以又称机器智能。人工智能包括有规律的智能行为。有规律的智能行为是计算机能解决的，而无规律的智能行为，如洞察力、创造力，计算机目前还不能完全解决。

（一）人工智能的起源演化

“图灵测试”是分别由人和计算机来同时回答某人提出的各种问题。如果提问者辨别不出回答者是人还是机器，则认为通过了测试，并且说这台机器有智能。

1991年，美国塑料便携式迪斯科跳舞毯大亨休·洛伯纳赞助“图灵测试”，并设立了洛伯纳奖——第一个通过一个无限制图灵测试的程序，其设计者将获得 10 万美元。对洛伯纳奖来说，人和机器都要回答裁决者提出的问题。每一台机器都试图让一群评审专家相信自己是真正的人类，扮演人的角色最好的那台机器将被认为是“最有人性的计算机”而赢得这个竞赛，而参加测试胜出的人则赢得“最有人性的人”大奖。在过去的多年里，人工智能社群都会齐聚以图灵测试为主题的洛伯纳大奖赛，这是该领域最令人期待也最惹人争议的盛事。

图灵测试的本质可以理解为计算机在与人类的博弈中体现出智能，虽然目前还没有机器人能够通过图灵测试，图灵的预言并没有完全实现，但基于国际象棋、围棋和扑克软件进行的人机大战，让人们看到了人工智能的进展。

人们根据计算机难以通过图灵测试的特点，逆向地使用图灵测试，有效地解决了一些难题。如在网络系统的登录界面上，随机地产生一些变形的英文单词或数字作为验证码，并加上比较复杂的背景，登录时要求正确地输入这些验证码，系统才允许登录。而当前的模式识别技术难以正确识别复杂背景下变形比较严重的英文单词或数字，这点人类却很容易做到，这样系统就能判断登录者是人还是机器，从而有效地防止了利用程序对网络系统进行的恶意攻击。

（二）人工智能的发展阶段

1. 孕育与形成时期

（1）孕育期。人工智能的孕育期一般是指 1956 年以前，这一时期为人工智能的产生奠定了理论和计算工具的基础。

第一，问题的提出。1900 年，世纪之交的数学家大会在巴黎召开，数学家大卫·希尔伯特，庄严地向全世界数学家们宣布了 23 个未解决的难题。这 23 道难题道道经典，而其中的第二问题和第十问题则与人工智能密切相关，并最终促成计算机的发明。

被后人称为“希尔伯特纲领”的希尔伯特的第二问题是数学系统中应同时具备一致性和完备性。希尔伯特的第二问题的思想，即数学真理不存在矛盾，任何真理都可以描述为数学定理。他认为可以运用公理化的方法统一整个数学，并运用严格的数学推理证明数学自身的正确性。

捷克数学家库尔特·哥德尔致力于攻克第二问题，通过后来被称为“哥德尔句子”的悖论句，证明了任何足够强大的数学公理系统都存在着瑕疵，一致性和完备性不能同时具备，这便是著名的哥德尔定理。

第二，计算机的产生。法国人帕斯卡于 17 世纪制造出一种机械式加法机，它是世界上第一台机械式计算机。香农是信息论的创始人，他于 1938 年首次阐明了布尔代数在开关电路上的作用。信息论的出现，对现代通信技术和电子计算机的设计产生了巨大的影响。如果没有信息论，现代的电子计算机是不可能研制成功的。1946 年 2 月 15 日，世界上第一台通用电子数字计算机“埃尼阿克”研制成功。“埃尼阿克”的研制成功，是计算机发展史上的一座纪念碑，是人类在发展计算技术历程中的一个新的起点。

（2）形成时期。人工智能的基础技术的研究和形成时期是指 1956—1970 年。1956 年纽厄尔和西蒙等首先合作研制成功“逻辑理论机”。该系统是第一个出现符号而不是处理数字的计算机程序，是机器证明数学定理的最早尝试。

1956 年，另一项重大的开创性工作是塞缪尔研制成功“跳棋程序”。该程序具有自改善、自适应、积累经验和学习等能力，这是模拟人类学习和智能的一次突破。该程序于 1959 年击败了它的设计者，1963 年又击败了美国一位州级跳棋冠军。

1960 年，纽厄尔和西蒙又研制成功“通用问题求解程序系统”，用来解决不定积分、三角函数、代数方程等多种性质不同的问题。

1960 年，麦卡锡提出并研制成功“表处理语言 LISP”，它不仅能处理数据，而且可以更方便地处理符号，适用于符号微积分计算、数学定理证明、数理逻辑中的命题演算、博弈、图像识别以及人工智能研究的其他领域，从而武装了一代人工智能科学家，是人工智能程序设计语言的里程碑，至今仍然是研究人工智能的良好工具。

1965 年，被誉为“专家系统和知识工程之父”的费根鲍姆和他的团队开始研究专家系统，并成功研究出第一个专家系统，用于质谱仪分析有机化合物的分子结构，为人工智能的应用研究做出了开创性贡献。

1969 年，召开了第一届国际人工智能联合会议，1970 年《人工智能国际杂志》创刊，标志着人工智能作为一门独立学科登上了国际学术舞台，并对促进人工智能的研究和发展起到了积极作用。

2. 发展与实用阶段

人工智能发展与实用阶段是指 1971—1980 年。在这一阶段，多个专家系统被开发并投入使用，有化学、数学、医疗、地质等方面的专家系统。

1975 年，美国斯坦福大学开发了 MYC1N 系统，用于诊断细菌感染和推荐抗生素使用方案。MYCIN 是一种使用了人工智能的早期模拟决策系统，由研究人员耗时 5~6 年开发而成，是后来专家系统研究的基础。

1976 年，凯尼斯·阿佩尔和沃夫冈·哈肯等人利用人工和计算机混合的方式证明了一个著名的数学猜想：四色猜想（现在称为四色定理）。即对于任意的地图，最少仅用四种颜色就可以使该地图着色，并使得任意两个相邻国家的颜色不会重复；然而证明起来却异常烦琐。借助计算机超强的穷举和计算能力，阿佩尔等人证明了这个猜想。

1977 年，第五届国际人工智能联合会会议上，费根鲍姆教授在一篇题为《人工智能的艺术：知识工程课题及实例研究》的特约文章中系统地阐述了专家系统的思想，并提出了“知识工程”的概念。

3. 知识工程与机器学习发展阶段

知识工程与机器学习发展阶段是指 1981—1990 年初这段时期。知识工程的提出和专家系统的初步成功，确定了知识在人工智能中的重要地位。知识工程不仅仅对专家系统发展影响很大，而且对信息处理的所有领域都将有很大的影响。知识工程的方法很快渗透到人工智能的各个领域，促进了人工智能从实验室研究走向实际应用。

学习是系统在不断重复的工作中对本身的增强或者改进，使得系统在下一次执行同样任务或类似任务时，比现在做得更好或效率更高。

从 20 世纪 80 年代后期开始，机器学习的研究发展到了一个新阶段。在这个阶段，联结学习取得很大成功；符号学习已有很多算法不断成熟，新方法不断出现，应用扩大，成绩斐然；有些神经网络模型能在计算机硬件上实现，使神经网络研究有了很大发展。

4. 智能综合集成阶段

智能综合集成阶段是指 20 世纪 90 年代至今，这个阶段主要研究模拟智能。

第六代电子计算机被视为模仿人的大脑判断能力和适应能力，并具有可并行处理多种数据功能的神经网络计算机。与以逻辑处理为主的第五代计算机不同，第六代电子计算机本身可以判断对象的性质与状态，并能采取相应的行动，而且它可同时并行处理实时变化的大量数据，并引出结论。以往的信息处理系统只能处理条例清晰、经络分明的数据，而人的大脑却具有能处理支离破碎、含糊不清的信息的灵活性。第六代电子计算机将具有类似人脑的智慧和灵活性。

21 世纪初至今，深度学习带来人工智能的春天，随着深度学习技术的成熟，人工智能正在逐步从尖端技术慢慢变得普及。

（三）人工智能的代表学派

人工智能是用计算机模拟人脑的学科，因此模拟人脑成为它的主要研究内容。但由于人类对人脑的了解太少了，对人脑的研究也极为复杂，目前人工智能学者对它的研究是通过模拟方法按三个不同角度与层次对其进行探究，从而形成三种学派：第一种，从人脑思维活动形式表示的角度的研究所形成的学派，称为符号主义学派，其典型的研究代表是形式逻辑推理；第二种，从人脑活动所产生的外部行为角度的研究所形成的学派，称为行为主义学派，其典型的研究代表是 Agent；第三种，从人脑内部生物结构角度的研究所形成的学派，称为结构主义或连接主义学派，其典型的研究代表是人工神经网络。

1. 符号主义学派

符号主义又称逻辑主义、心理学派或计算机学派，其主要思想是从人脑思维活动形式化表示角度研究探索人的思维活动规律。它是亚里士多德所研究形式逻辑以及其后所出现的数理逻辑，又称符号逻辑。而应用这种符号逻辑的方法研究人脑功能的学派就称符号主义学派。

在 20 世纪 40 年代中后期出现了数字电子计算机，这种机器结构的理论基础也是符号逻辑，因此从人工智能观点看，人脑思维功能与计算机工作结构方式具有相同的理论基础，即都是符号逻辑。故而符号主义学派在人工智能诞生初期就被广泛应用。推而广之，凡是用抽象化、符号化形式研究人工智能的都称为符号主义学派。

总体来看，符号主义学派即是以符号化形式为特征的研究方法，它在知识表示中的谓词逻辑表示、产生式表示、知识图谱表示中，以及基于这些知识表示的演绎性推理中都起到了关键性指导作用。

2. 行为主义学派

行为主义又称进化主义或控制论学派，其主要思想是从人脑智能活动所产生的外部表现行为角度研究探索人类智能活动规律。这种行为的特征可用感知—动作模型表示。这是一种控制论的思想为基础的学派。有关行为主义学派的研究工作早在人工智能出现前的 20 世纪 40 年代的控制理论及信息论中就有很多研究，在人工智能出现后得到很大的发展，其近代的基础理论思想如知识获取中的搜索技术以及 Agent 为代表的“智能代理”方法等，而其应用的典型即是机器人，特别是具有智能功能的智能机器人。在近期人工智能发展新的高潮中，机器人与机器学习、知识推理相结合，所组成的系统成为人工智能新的标志。

3. 连接主义学派

连接主义又称仿生学派或生理学派，其主要思想是从人脑神经生理学结构角度研究探索人类智能活动规律。从神经生理学的观点看，人类智能活动都出自大脑，而大脑的基本结构单元是神经元，整个大脑智能活动是相互连接的神经元间的竞争与协调的结果，它们组织成一个网络，称为神经网络。连接主义学派认为，研究人工智能的最佳方法是模仿神经网络的原理构造一个模型，称为人工神经网络模型，以此模型为基点开展对人工智能的研究。

有关连接主义学派的研究工作早在人工智能出现前的 20 世纪 40 年代的仿生学理论中就有很多研究，并基于神经网络构造出世界上首个人工神经网络模型——MP 模型。自此以后，对此方面的研究成果不断出现，直至 20 世纪 70 年代。但在此阶段由于受模型结构及计算机模拟技术等多种方面的限制而进展不大。直到 20 世纪 80 年代 Hopfield 模型的出现以及相继的反向传播（BP）模型的出现，人工神经网络的研究又开始走上发展道路。

2012 年对连接主义学派而言是一个具有划时代意义的一年，具有多层结构模型——卷积神经网络模型与当时正兴起的大数据技术，再加上飞速发展的计算机新技术三者的有机结合，使它成为人工智能第三次高潮的主要技术手段。

连接主义学派的主要研究特点是将人工神经网络与数据相结合，实现对数据的归纳学习从而达到发现知识的目的。

二、人工智能的学科体系

人工智能学科的发展并不顺利，在其发展的过程中，经历了多次波折与重大打击，到了 2016 年才真正迎来了稳定的发展，因此对人工智能学科体系的研究也是断断续续、起起伏伏，直到今日还处于不断探讨与完善之中。就人工智能目前研究而言，其整个体系可分为以下内容。

（一）人工智能的基础理论

人工智能的基础理论分两个层次：第一层次是人工智能的基本概念、研究对象、研究方法及学科体系；第二层次是基于知识的研究，它是基础理论中的主要内容，包括下面的内容。

（1）知识与知识表示。人工智能研究的基本对象是知识，它所研究的内容是以知识为核心的，包括知识表示、知识组织管理、知识获取等。在人工智能中知识因不同应用环境而可有不同表示形式，目前常用的就有十余种，其中最常见的有谓词逻辑表示、状态空间表示、产生式表示、语义网络表示、框架表示、黑板表示以及本体与知识图谱表示等多种表示方法。

（2）知识组织管理。知识组织管理就是知识库，它是存储知识的实体，且具有知识增、删、改及知识查询、知识获取（如推理）等管理功能，此外还具有知识控制，包括知识完整性、安全性及故障恢复功能等管理能力。知识库按知识表示的不同形式管理，即一个知识库中所管理的知识其知识表示的形式只有一种。

（3）知识推理。人工智能研究的核心内容之一是知识推理。此中的推理指的是由一般性的知识通过它而获得个别知识的过程，这种推理称为演绎性推理。这是符号主义学派所研究的主要内容。知识推理有多种不同方法，它可因不同的知识表示而有所不同，常用的有基于状态空间的搜索策略方法、基于谓词逻辑的推理方法等。

（4）知识发现。人工智能研究的另一个核心内容是知识归纳，又称知识发现或归纳性推理。此中的归纳指的是由多个个别知识通过它而获得一般性知识的过程，这种推理称为归纳性推理。这是连接主义学派所研究的主要内容。知识归纳有多种不同方法，常用的有人工神经网络方法、决策树方法、关联规则方法以及聚类分析方法等。

（5）智能活动。智能活动是行为主义学派所研究的主要内容。一个智能体的活动必定受环境中的感知器的触发而启动智能活动，活动产生的结果通过执行器对环境产生影响。

（二）人工智能的应用领域

在人工智能学科中，有很多以应用领域为背景的学科分支，对它们的研究是以基础理论为手段，以领域知识为对象，通过这两者的融合最终达到模拟该领域应用的目标。

目前这种学科分支的内容有很多个，并且还处于不断发展中，下面列举较为热门的应用领域分支。

（1）机器博弈。机器博弈分人机博弈、机机博弈以及单体、双体、多体等多种形式。其内容包含传统的博弈内容，如棋类博弈，从原始的五子棋、跳棋到中国象棋、国际象棋及围棋等。如球类博弈，从排球、篮球到足球等。还包括现代的多种博弈性游戏以及带博弈性的彩票、炒股、炒汇等带有风险性的博弈活动。

机器博弈是智能性极高的活动，机器博弈的水平高低是人工智能水平的主要标志，对它的研究能带动与影响人工智能多个领域的发展。因此目前国际上各大知名企业都致力于机器博弈的研究与开发。

（2）声音、文字与图像识别。人类通过五官及其他感觉器官接受与识别外界多种信息，如听觉、视觉、嗅觉、触觉、味觉等。其中听觉与视觉占到所有获取到的信息90%以上，具体表现为文字、声音、图形、图像以及人体、物体等识别。模式识别指的是利用计算机模拟对人的各种识别的能力。目前主要的模式识别如下。

①声音识别：包括语音、音乐及外界其他声音的识别。

②文字识别：包括联机手写文字识别、光学字符识别等多种文字的识别。

③图像识别：如指纹识别、个人签名识别以及印章识别等。

（3）知识工程与专家系统。知识工程与专家系统是用计算机系统模拟各类专家的智能活动，从而达到用计算机取代专家的目的。其中，知识工程是计算机模拟专家的应用性理论，专家系统则是在知识工程的理论指导下实现具有某些专家能力的计算机系统。

（4）智能机器人。智能机器人一般分为工业机器人与智能机器人，在人工智能中一般指的是智能机器人。这种机器人是一种类人的机器，它不一定具有人的外形，但一定具有人的基本功能，如人的感知功能、人脑的处理能力以及人的执行能力。这种机器人是由计算机在内的机电部件与设备组成的。

（5）智能决策支持系统。政府、单位与个人经常会碰到一些重大事件须做出的决断称为决策，如某企业对某项目投资的决策；政府对某项军事行动的决策；个人对高考填报志愿的决策等。决策是一项高智能活动，智能决策支持系统是一个计算机系统，它能模拟与协助人类的决策过程，使决策更为科学、合理。

（6）计算机视觉。由于视觉是人类从整个外界获取的信息最多的，因此对人类视觉的研究特别重要，在人工智能中称为计算机视觉。计算机视觉研究的是用计算机模拟人类视觉功能，用以描述、存储、识别、处理人类所能见到的外部世界的人物与事物，包括静态的与动态的、二维的与三维的。最常见的有人脸识别、卫星图像分析与识别、医学图像分析与识别以及图像重建等内容。

（三）人工智能的应用模型

人工智能学科的最高层次即是它的各类应用以及应用的开发。这种应用很多，著名的如 DeepBlue、AlphaGo、蚂蚁金服人脸识别系统、百度自动驾驶汽车、科大讯飞翻译机、Siri 智能查询系统以及方正扫描仪等都是人工智能应用，其中很多都已成为知名的智能产品。下面主要介绍这些应用中的模型以及基于这些应用模型的计算机系统开发。

1. 应用模型表示

以人工智能基础理论及应用技术为手段，可以在众多领域生成很多应用模型，应用模型即是实现该应用的人工智能方法、技术及实现的结构、体系组成的总称。例如，人脸识别的模型简单表示为以下内容。

（1）机器学习方法：用卷积神经网络方法，通过若干层面分步实施的手段。

（2）图像转换装置：需要有一个图像转换装置将外部的人脸转换成数据。

（3）大数据方法：这种转换成数据的量值及性质均属大数据级别，必须按大数据技术手段处理。

将这三者通过一定的结构方式组合成一个抽象模型，根据此模型，这个人脸识别流程是：人脸经图像转换装置后成为计算机中的图像数据，接着按大数据技术手段对数据进行处理，成为标准的样本数据。将它作为输入，进入卷积神经网络用作训练，最终得到训练结果作为人脸识别的模型。

2. 应用模型的开发

以应用模型为依据，用计算机系统进行开发，最终形成应用成果或产品。在这个阶段，重点在计算机技术的应用上着力，具体内容如下。

（1）依据计算机系统工程及软件工程对应用模型进行系统分析与设计。

（2）依据设计结果，建立计算机系统的开发平台。

（3）依据设计结果，建立数据组织并完成数据体系开发。

（4）依据设计结果，建立知识体系并完成知识库开发。

（5）依据设计结果，建立模型算法并进行系统编程以完成应用程序开发。

到此为止，一个初步的计算机智能系统就形成了。接着，还需继续按计算机系统工程及软件工程进行后续工作。

（6）依据计算机系统工程及软件工程进行系统测试。

（7）依据计算机系统工程及软件工程将测试后系统投入运行。

到此为止，一个具有实用价值的计算机智能系统就开发完成了。

◇ 第二节　人工智能的技术优势

一、数据分析和洞察力提供

数据分析和洞察力提供是 AI 技术中的一个关键领域，具有广泛的应用。

（1）数据处理能力。AI 具有处理大规模和多样化数据的强大能力。无论是结构化数据（如数据库中的表格数据）还是非结构化数据（如文本、图像、音频等），AI 都能够有效地处理这些数据。这包括对数据进行清洗、整合、转换和存储，以便后续分析。

（2）模式识别。AI 能够自动识别数据中的模式、趋势和异常情况。通过机器学习和深度学习技术，它可以分析数据，发现隐含的规律，从而提供对数据的深刻理解。这对于企业、科学家和决策者来说非常有价值，因为他们可以从中提取见解，做出更明智的决策。

（3）商业应用。在企业中，AI 的数据分析能力有助于更好地了解客户行为、市场趋势和竞争情况。企业可以使用 AI 来分析销售数据、客户反馈、社交媒体活动等，以确定哪些产品受欢迎，哪些市场区域有潜力，以及如何改进产品和服务。这有助于制订更智能的市场策略，提高竞争力。

（4）科学研究。在科学研究领域，AI 可以帮助科学家分析实验数据，识别重要的模式和关联。这对于探索新的科学发现和理解自然现象非常有用。例如，天文学家可以使用 AI 来分析天体观测数据，以发现新的星系和行星。生物学家可以使用 AI 来研究基因组数据，以了解基因与健康之间的关系。

（5）预测和决策支持。AI 不仅可以分析过去的数据，还可以使用它们来预测未来事件。这对于市场预测、投资策略、风险管理等领域非常有用。AI 还可以为决策制订提供支持，通过数据分析和模拟来推荐最佳决策选项。

二、自动化和效率提升

自动化和效率提升是人工智能（AI）的一个重要领域，它对各行各业都具有广泛的应用。

（1）自动执行复杂任务。AI 可以自动执行各种复杂任务，无论是实际工作还是虚拟工作。这可以包括自动驾驶汽车、自动化生产线、自动化仓储管理、自动化客户服务等。这有助于提高效率，减少错误，并减少对人力的依赖。

（2）制造业中的应用。在制造业中，AI 和机器人可以协同工作，自动执行装配、焊接、零件检验、物流和质量控制等任务。这提高了生产线的效率，减少了生产中的人为错误，并增加了制造过程的一致性。这对于大规模生产和自定义制造都具有价值。

（3）办公环境中的应用。AI 可以在办公环境中处理大量重复性任务，从而提高办公效率。例如，AI 可以自动处理电子邮件分类和过滤、文件整理、数据输入、报告生成、日程安排等工作。这减轻了员工的工作负担，使他们能够更集中精力于创造性和战略性任务。

（4）数据处理速度。AI 可以在极短的时间内处理大量数据和信息，远远超出了人类的处理能力。这对于高速数据分析、实时决策制订和大数据应用非常有用。在金融交易、医疗诊断、科学研究等领域，AI 可以加速任务的完成，从而提高效率。

三、自动决策支持

自动决策支持是人工智能（AI）的一个关键优势，它可以帮助决策者更明智地制订决策并提供决策建议。

（1）数据分析和模拟。AI可以分析大量的数据，包括历史数据、市场趋势、客户行为等，以了解当前情况和潜在影响。AI还可以使用这些数据来模拟不同决策选项的可能结果。通过模拟，它可以预测每种选择的潜在风险和回报。

（2）金融领域的应用。在金融领域，AI可以用于股票交易策略的制订。它可以分析市场数据，监测股票价格波动，并根据预定的策略执行买入或卖出操作。这有助于优化投资组合，降低风险，提高回报。AI还可以用于信用评分，帮助银行和金融机构确定借款人的信用风险。通过分析历史信用信息、还款记录和其他相关数据，AI可以自动评估借款人的信用价值，从而更准确地批准或拒绝贷款申请。

（3）医疗领域的应用。在医疗领域，AI可以协助医生进行疾病诊断和治疗建议。它可以分析患者的医疗记录、影像学数据和实验室结果，以帮助医生做出更准确的诊断。AI还可以提供个性化的治疗建议。根据患者的医疗历史和基因信息，它可以推荐最佳的治疗计划，选择最有效的药物或治疗方式。

（4）自动化决策。在某些情况下，AI可以自动化决策过程，减少人为干预。例如，在自动驾驶汽车中，AI可以分析传感器数据，决定车辆的行驶方向和速度，以确保安全驾驶。在工业自动化中，AI可以控制设备的操作，根据生产需求自动调整生产流程，以提高效率。

四、个性化体验

个性化体验是人工智能（AI）的一个重要优势，它利用用户的偏好和行为数据来提供定制的建议和服务。

（1）个性化推荐。AI可以分析用户的历史行为、浏览历史、购买记录和兴趣，以推荐个性化的产品、服务、内容或活动。这在电子商务、媒体流媒体、音乐流媒体和应用商店等领域非常有用。

（2）广告定制。在广告领域，AI可以分析用户的兴趣和行为，以推送相关的广告内容。这提高了广告点击率和广告投资的回报。广告商可以更精确地定位他们的受众，从而提高广告效果。

（3）内容推送。AI可以根据用户的兴趣、偏好和行为，提供相关的新闻、文章、社交媒体帖子、视频和其他内容。这使用户更容易找到他们感兴趣的信息，提高了信息获取的效率。社交媒体平台如Facebook和Twitter使用AI来决定用户的新闻供稿，以确保他们看到最相关的内容。

（4）电子商务个性化体验。在线购物平台可以使用AI来提供个性化的购物体验。AI

可以根据用户的偏好、历史购买和浏览行为，推荐适合他们的商品，提供个性化的购物建议，并提供特别优惠。这有助于提高销售转化率和客户忠诚度。

（5）个性化教育。在教育领域，AI 可以根据学生的学习风格、强项和需求，提供个性化的学习材料和建议。它可以调整教育内容和难度，以满足学生的需求，帮助他们更好地理解和掌握知识。

（6）健康护理。AI 可以根据患者的个体健康数据和健康历史，提供个性化的医疗建议和治疗计划。这有助于提供更好的医疗保健服务，根据患者的特定需求进行治疗。

◇ 第三节　人工智能的未来发展

“当前，人工智能（AI）已经成为各国必争的科技创新高地。”随着信息技术的飞速发展，人工智能得到了迅猛的发展，对我国的基础生产业与高端技术行业都带来了新的愿景与发展道路。同时人工智能的逐渐成熟也能从根本上改变人类劳动的速度、广度与深度，大力提高科技生产力。

一、人工智能的学科发展

人工智能起源于多个学科，并在其发展中经历了多种磨难与重重困难，尝试过多种不同思想、方法与理论才取得了今天的大发展。回首过往的发展历史，不但有经验，也有教训。结合经验与教训，在看到了发展的同时也看到了不足，人工智能学科的发展任重而道远。

（一）构建完整的人工智能理论体系

任何一个学科都需要有一套完整的基础理论体系，用以支撑该学科的发展。对人工智能学科而言也是如此。在经历了多年发展后，人工智能也有了自己的理论与一定的体系，但由于人工智能自身发展的特殊性，使得它至今在完整与统一的理论体系方面尚有待进一步完善与发展。

（1）人工智能是一门边缘性学科，从它发展的萌芽期起就有多个学科基于不同理论体系组合而成。

（2）人工智能在其发展过程中，多种不同理论体系虽然有所融合，但是由于不同环境与特殊处境而形成了三种研究理论体系，它们即是符号主义体系、行为主义体系及连接主义体系，并都有其应用的支撑，至今无法完全融合。

（3）近十年是人工智能飞速发展的时期，这种发展主要表现为人工智能应用的发展。在众多应用发展的同时出现并解决了很多理论的问题，这些理论的解决与发展已冲击到了传统的理论体系，但是人们过多聚焦于应用的实现，而忽视了理论的进一步总结、提高与发展。目前迫切需要人工智能理论工作者努力，建立起一个统一、完整的理论体系。

（二）人工智能多学科间的交叉融合

人工智能学科是一门多学科交叉集成的学科，因此，人工智能的发展必须在统一的目标下注重于多学科间的交叉融合，发挥各学科优势，建立各学科间的紧密关系，相互取长补短，从而达到在人工智能大家庭中融合一起、和谐共存。这是人工智能学科发展的又一个方面。人工智能多学科间的交叉融合主要表现在以下方面。

（1）人工智能理论与应用间的融合。

（2）人工智能理论中各方法间的融合。

（3）人工智能应用中计算机技术与应用系统间的融合。

人工智能的多学科间的交叉融合的必然结果是人工智能学科整体能力的进一步提升。

二、人工智能的社会发展

人工智能学科是一门特殊的学科，由于它所研究的内容涉及人类自身最敏感的部位，出于对人类自我保护潜意识的反射，以及科幻小说与电影的过分渲染，从人工智能刚出现的萌芽时期就已经有人担忧，担心在其发展美好前景的同时会引起对人类自身利益的直接碰撞与抵触。因此，在人工智能发生与发展的同时，对人工智能的担心就一直没有停止过，这已不是一个技术问题而是社会问题了，主要表现为人工智能会侵占人类就业权益的担心与人类自身安全的担心这两方面。为此，必须对这两个问题从技术与社会学角度进行必要的解释与说明。

（一）人工智能与就业问题

从20世纪50年代开始，国外一些流水线作业的工厂中逐渐推广机器人作业，将简单、枯燥的劳动由机器人取代。进而，又逐步推广至较为复杂但又有固定规则可循的工作中，将这种工作由机器人取代。如此不断，随着人工智能与机器人技术水平不断发展，这种“取代”工作已威胁到了成熟的技术工人的工作，因此就引起了工人的担心，进而引起了社会的担心与恐慌。

其实，人类社会自工业革命以来，新技术的应用除了提高生产力与减轻人类劳动外，都会影响到人类的就业。以蒸汽机为代表的第一次产业革命解放了人类的体力劳动，同时也影响到了体力工人的就业；以电动机为代表的第二次产业革命（电气化）解放了人类的脑/体力劳动，同时也影响到了技术工人的就业；以计算机为代表的第三次产业革命（信息化）解放了人类的脑力劳动，同时也影响到了劳力人员的就业；以人工智能为代表的第四次产业革命（智能化）解放了人类的智力劳动，同时也影响到了智力人员的就业。但所有这一切，前三次产业革命的结果是人类生产力的大解放，人类生活水平提高，就业问题所带来的影响最终通过发展中的不断平衡与调整而得到了解决，这第四次产业革命所产生的就业问题预计也可通过这种办法得到解决。

具体来说，就业问题是一个社会问题。社会问题的最终解决必须依靠社会解决。社会学中有一个基本原则就是：社会生产力的发展是解决社会中所有问题的基础。人工智能所带来的生产力发展必定能通过政府的政策措施与市场调节等手段而使就业问题得以解决。事实证明也是如此，在大量使用机器人及人工智能应用的国家，并没有因此造成大量失业，反而提高了人民的生活水平与生活质量。

（二）人工智能与人类智能

人工智能将会超越人类智能，机器将控制人类并威胁人类的生存。此说法产生的起源有三个：①人工智能学科自身研究的敏感性所致；②科幻小说与影视作品的渲染以及非本门学科专家对人工智能的了解不足而引起的担忧所致；③人工智能本门学科专家的不负责的宣扬所致。

实际上，所谓的“人工智能威胁论”是一个“伪命题”，人工智能专家在长期的研究工作中深知人工智能的艰难，深知人类对其自身智能的了解知之甚少，人类对其自身智能的模拟有多么的困难，目前所获得的成果又是多么的稀少。这个简单的是非题告诉我们，目前人工智能的研究水平实际上是极其低下的，研究难度是极高的，从人工智能到人类智能尚有很多个无法逾越的障碍。以下从技术层面进行讨论。

1. 人工智能的研究对象

人工智能的研究对象是人类智能，它包括人类智能的主要器官——大脑的研究，从大脑神经生理的结构研究、大脑思维的研究（含形式思维与辩证思维）、大脑外在行为研究等方面，到目前为止，尚知之甚少。

2. 动态活动的发展过程

人类智能是动态活动的过程，即人类智能对外部世界的认识是一个不断变化、不断提高的动态发展过程。我们现在对这种动态过程的了解也知之不多。

3. 动态活动的环境

人类智能动态活动的过程是在一定环境下进行的，这种环境包括外部世界的人类社会与自然社会，同样，就目前水平看，人类对它们的了解也是极其有限的。

4. 数据模拟外部环境

计算机通过数据模拟人类智能中的外部环境。这种环境处于巨大时空多维世界中，这是一种多维、无限、连续世界，而计算机数据所能表示的仅是有限、离散的环境，因此，用有限、离散的数据模拟无限、连续世界之间存在着巨大差距。这种模拟只能被视为“近似”，永远无法达到“一致”。

5. 模拟人类智力活动

计算机通过算法模拟人类智能中的智力活动。对这种模拟可分层次讨论，具体如下：

（1）算法的可计算性问题。算法的能力是有限的，世界上的所有智力活动并非都用算法表示。这在算法理论中称为可计算性理论。也就是说，世界上的智力活动可分为两部分：一部分可用算法表示；另一个部分不可用算法表示。不可用算法表示的智力活动，在人工智能中是无能为力的。

（2）算法的复杂性问题。若智力活动是可计算的，则可用算法表示该活动。但算法在计算时还存在着计算的复杂性问题，即计算过程所需的时间与所占的空间问题，一般可分为指数级算法、多项式级算法及线性级算法三个级别。其中，指数级算法称为高复杂度算法，这种算法虽在理论上能计算，但是在实际计算中，经常出现计算变量在计算过程中其时间与空间呈指数级上升而使整个计算最终没有完成。因此，算法的复杂性问题告诉我们，算法按复杂性可分两种类型，包括高复杂度算法与中、低复杂度算法。其中，高复杂度算法是无法用计算机实际计算的。

（3）算法的停机问题。可计算的算法还存在另一个问题，称为算法停机问题。它表示算法的收敛性，即在算法计算过程中会出现无法收敛而永不停机的状态。

（4）算法寻找问题。上面讨论的仅是智力活动算法的理论问题，它是寻找算法所需满足的最基本的条件。在这些条件框定下，人工智能专家的任务是逐个寻找适合特定智力活动的算法，这是一种极其艰辛的创新活动过程。到目前为止，专家们所找到的算法仅是整个人类智能活动的九牛一毛。算法寻找问题是其中最重要的一环。

6. 计算机的计算力

计算机的数据与算法只有在一定的计算机平台上运行才能产生动态的结果，计算机平台上的运行能力称为计算力。计算力是建立在网络上的所有设备，包括硬件、软件及结构方式的总集成，其指标包括运行速度、存储容量、传输速率、感知能力、行为能力、算法编程能力、数据处理能力、系统集成能力等。计算力是人工智能中计算机模拟的最基础性能力，目前计算力中的所有指标离人工智能及其数据、算法的要求差距甚大，而且很多指标无法在短时期内得以解决。

由此可以看出，人工智能的发展还将不断继续，对人工智能的研究任重而道远。

第五章　人工智能在不同领域中的应用

第一节　人工智能在医疗领域中的应用

人工智能（AI）赋予计算机执行认知功能的能力，如解决问题、目标识别、基于知识进行推理和学习等，通过模拟人类的意识和思维过程，做出与人类智能相似的反应和行为。近年来，我国开始大力推行“互联网+健康医疗”的政策方针和发展理念，AI 技术在医疗领域的应用不断扩展和延伸。

一、人工智能在临床诊疗中的应用

（一）辅助诊断

1. 图像处理技术

“推进临床路径管理及其信息化建设是医院重要工作之一。”在临床实践中，对人体疾病的筛查和诊断有赖于先进的医学影像技术，以及专业医生对图像进行准确可靠的判读，对于强调“四诊合参”的中医学来说，舌、面、脉等外在征象即是人体内部脏腑经络、阴阳气血变化的反映，通过观察外在征象的变化便可以推知机体内在的健康状态，要把握疾病的病因病机做出正确的诊断，就需要对舌面脉象等做出正确的判别。但无论是对医疗图像的判读，还是对中医舌面脉象的分析，即使是专家也不免带有一定主观性，并可能受到既往经验的影响，因而有所局限。

而基于深度学习的 AI 可以在初始图像解释过程中实现自动化，从给定数据库中的所有图像中学习并不断改进，可在极短时间内完成特征提取、图像识别、分割，以及定量对比分析等任务。

（1）图像识别。图像识别是目前研究较充分的一个领域。

基于层次聚类和卷积神经网络等 AI 技术开发的中医舌象面象辅助诊疗系统，在对大量面象、舌象样本数据进行特征标注和学习的基础上，使用智能镜子采集用户的面象、舌象特征信息，可对面象和舌象进行自动诊断和分析，并将结果实时反馈给用户。

结合颜色空间特征、面部纹理统计特征、唇部颜色特征等要素，使用多种机器学习方法对提取到的面部特征进行识别。

(2) 图像分割。中医学认为人的面部是脏腑气血的外容，五脏病变会反映到面部的对应区域，并在一定程度上造成面色的变化。

为了实现人脸区域的自动分割，使用 Gabor 小波变换、Ada Boost 等技术，结合唇色模型与先验知识定位五官位置，并用提取轮廓算法确定人脸边界，可以简单、快速地将人脸区域分割为五个部分。进一步地，对于嘴巴区域的图像分割，可以采用改进的 C-V (Chan-Vese) 水平集模型来获取嘴部轮廓。这种模型适用于较为复杂的背景环境，并且对于表情变化和光照变化具有较好的适应性，显示出较高的鲁棒性。

此外，组织、器官以及病灶的区域分割对于医学图像的定性和定量评估也至关重要。深度学习模型可以准确识别心腔结构，并自动进行图像分割，可以更加高效、便捷地进行心脏结构和功能的测量和计算。

(3) 图像分类。图像分类是计算机视觉领域的基础性任务，其目标是根据各自在图像信息中所反映的不同特征，把不同的图像划分到不同的类别。随着深度学习等 AI 技术的发展，无论是中医的舌面图像，还是西医的组织解剖学图像，其分类的精度和准确度都得到大幅提升。

2. 自然语言处理技术

自然语言处理（NLP）是一种自动分析和表示人类语言的计算技术，涉及如语言建模、文本分类、机器翻译、自动问答、自动文摘等许多研究和应用技术，对于实现 AI 辅助中医诊断十分关键。由 AI 技术搭载 NLP 模块、语言识别模块，结合语音识别、文语转换、脑机接口等技术建立“闻诊、问诊”模型，可以通过智能语音与患者进行对话，对患者的声音数据进行分析和转换，从预先构建的中医知识库提取可用信息并加以判断后，为患者提供最佳的交流方式和诊疗内容，同时 AI 还能识别患者话语中带有感情色彩的语句，并据此给予情感态度倾向的分析。

AI 技术还具有强大的处理多源模态信息的能力，可以实现对多种来源和形式的数据如图像、视频、音频、语义之间的多模态学习和融合，尤其适用于秉持“四诊合参”的中医辨证诊断体系。

(二) 辅助决策

随着医疗信息变得越来越复杂，临床医生需要综合考虑多种因素才能做出恰当的诊疗决策。基于 AI 技术的临床决策支持系统（CDSS）为挖掘海量的电子病历数据提供了强大工具和手段，它可以模仿临床决策者的认知过程，辅助临床医生进行决策，指导患者用药，从而改善患者状况，同时也有助于提高决策效率和准确率，减轻了临床医生和其他医疗保健专业人员的负担。

在中医领域，CDSS 的应用是我国 AI 技术研究的一大特色。大量的临床记录、古今中医著作、中医临床指南和循证医学研究成果是中医 CDSS 的核心资源，在此基础上，本体技术、智能引擎以及机器学习等相关信息技术为中医 CDSS 的构建提供了支持。中医临床决策系统是目前较为成熟的 CDSS 之一，该系统利用 AI 技术构建中医临床指南、专家经验、古今中医著作等文本数据的知识图谱，并基于指南、著名专家经验、循证医学等提供多种决策服务，实现对中医临床诊疗的决策支持。

二、人工智能在医学研究中的应用

（一）临床研究

1. 临床试验研究

临床试验往往需要严格控制试验条件，满足道德伦理要求，另外还涉及试验注册等问题，需要大量的时间和资金投入。AI 技术可用于自动分析电子病历数据和临床试验资格数据库，自动识别相关试验和特定患者之间的潜在匹配，并将这些匹配推荐给医生和患者，也可主动挖掘公开可用的临床试验数据库和社交媒体等，帮助患者更快地了解感兴趣的试验，并提供与临床医生接触的方式和渠道，进一步评估是否满足试验要求。

近年来，计算机虚拟临床试验概念的出现为开展预测性、预防性、个性化的医学研究提供了新的途径，可以在一定程度上解决临床设计困难、受试者数量不足、试验成本高等问题。虽然计算机虚拟临床试验在降低成本、保证安全性方面具有显著优势，但现阶段是否能取代真实的临床试验还未可知。

2. 真实世界研究

与严格限制各项研究条件的临床对照试验不同，近几年广受关注的真实世界研究强调从实际临床诊疗环境或社区、家庭等真实场景中获得数据，其规模更大、证据资源更丰富、符合临床实际情况的特点，被认为与中医“个体化”“经验为主”的诊疗特点更加契合，目前在国内的应用主要集中在中医药领域。随着大数据时代的来临，将真实世界实践中所产生的信息数据化、数字化，从不同思维角度去再现、分析、重构等已经成为一种现实，AI 的快速发展与“互联网+”技术的不断革新，为处理真实世界的大样本提供了稳定可靠的研究平台。将 AI 技术引入中医药真实世界临床研究领域，可全面采集临床各类诊疗信息并在海量数据基础上，对个体患者的病证方药进行精准预测，实现对中医诊断准确性、治疗有效性的评价，最大程度解决中医药临床研究“复杂性、多样性”的问题，同时也是适应循证医学时代，顺应中医药客观化、规范化发展的必然选择。

（二）药物研发

1. 靶点的识别

中医药整体观决定了中药具有多靶性、多向性、系统性等特点，因此，中药多成分与多靶点之间的对应关系难以精准识别，将 AI 技术引入药物靶点识别的环节，可以有效解决这一难题，辅助进行潜在靶点群的选择。利用 AI 技术辅助进行中药作用靶点的识别，从活性成分—蛋白受体—组织表达的化学层面对中药作用机制进行量化和解释。

2. 化合物筛选

随着高通量筛选、深度基因组测序、临床实验等生物、化学、医药研究数据急速积累，AI 以其强大的数据整合处理能力可实现低耗、高效筛选化合物。使用 AI 技术可以从大量化合物中快速筛选出山楂酸、刺囊酸、雷公藤红素、羟基积雪草酸、积雪草酸和常春藤皂苷元等 20 个最佳候选天然产物小分子墨蝶呤还原酶抑制剂。通过使用集成学习中的随机森林与梯度提升决策树方法，构建“特征优化—机器学习”的混合模型，可在优化、提取分子指纹特征基础上完成抗纤维化中药化合物高通量的虚拟筛选任务，且具有较高预测概率。此外，支持向量回归以及分子对接等计算机模拟技术也被广泛应用于中药活性化合物的预测和筛选中，大幅提高了筛选的效率和准确率，也为后续研究缩小了范围。

3. 中药质量评价

中药的质量是中医临床疗效的基础，客观评价和有效控制中药质量是中医药标准化的重中之重，AI 技术的应用可帮助更新传统单一、经验为主的中药鉴定方法，为中药质量评估提供高效快捷的检测方式，并可推动建立中药质量定量化、客观化评价体系。随着 AI 技术的发展，如电子舌、电子鼻、电子眼、电子耳及电子皮肤等技术可以模拟真实人体感官，结合如红外光谱、高光谱成像、化学成像、拉曼光谱等新型分析技术，对中药饮片的形、色、气、味等性状信息进行特征识别和量化，可自动进行质量评价、质量控制以及产地鉴别等。

此外，结合机器学习算法挖掘和整合海量数据的潜力，将中药饮片数据采集过程中收集的大量外观性状数据与内在成分数据进行分析，建立饮片质量与外在信息间的耦合关系，可为量化中药质量评价提供理论依据。

◇ 第二节 人工智能在教育领域中的应用

人工智能等新兴技术的迅速发展给经济社会各个领域带来了深远影响。与此同时，人类所需掌握的生活生产技能、掌握与运用这些技能的方式，也随着时代变迁而不断更新。新兴技术正引领教育进入全新的智能化时代，不仅给教育行业提供了众多发展机遇，而且有助于克服其面临的重大挑战。

当前，人工智能作为最具影响力的新兴技术已被广泛应用到教育领域之中，为教育教学的变革带来了广阔机遇。回顾人工智能技术在教育领域的应用历程，可以发现：首先，与其他人工智能应用范例相似，人工智能对教育的赋能同样依托于一系列核心的人工智能底层技术，特别是机器学习、神经网络以及深度学习。其次，人工智能与教育之间的联系除了体现在应用人工智能技术之外，还体现在学习人工智能相关知识和培育数字技能之上。最后，人工智能赋能教育主要围绕三个方面进行，即对学生的赋能、对教师的赋能以及对学校或系统的赋能。

一、以学生为主的人工智能应用

面向学生的人工智能技术应用主要侧重于提升学生的学习能力，提供优质且个性化的学习机会，以及塑造终身学习的能力与条件。这方面的应用也是最值得政策制定者、研发人员以及教育工作者重点关注的类别。

针对学生学习方式革新和能力提升的人工智能应用的具体实践多种多样，例如智能导学系统（ITS）、基于对话的导学系统（DBTS；即通过模拟现实中的师生对话，为学生提供引导，目前该系统的使用率较低）、探索性学习环境（ELE；旨在鼓励学生用人工智能技术积极探索新知识）、作文自动评阅（AWE；通过即时评阅和改错服务帮助学生进行高效自查和二次修改，从而提升写作水平）、人工智能支持的阅读和语言学习（如帮助非母语人士学习外语校正发音的人工智能应用程序）、智能机器人（如针对某种学习障碍儿童群体设计的专有仿人机器人）、可教代理/智能导师（Teachable Agents，一种理解为鼓励学生通过教虚拟人知识来巩固所学知识，另一种理解为虚拟人作为导师为学生提供定制的学习材料，并及时针对学生情况进行指导与反馈）、虚拟现实和增强现实提供的学习体验

（如利用虚拟现实眼镜打造沉浸式学习氛围）、学习网络协调器（如智能学伴的匹配）以及人工智能支持的协作学习（如通过远程协作来完成小组作业）。

人工智能在教育中的应用主要体现在以下几种形式：智能聊天机器人、智能教学教育系统、智能辅导系统/智能导师、个性化学习系统以及虚拟现实学习体验。其中，智能导学系统是上述所有应用方式中应用时间最长、频率最高、受众最广的方式。

首个人工智能赋能教育的实例是一个帮助学习者理解基本代数的智能系统，该智能系统还可以为它提出的解决方案提供逐步反馈和指导。简而言之，智能导学系统就是一种旨在为用户提供个性化辅导和信息反馈的计算机系统。具体而言，该系统可以被视为一种利用人工智能技术来模仿人类一对一教学，并通过围绕现实教学科目中的议题和分析既有资料信息，最终为每个学生独家定制最优学习路径，提供学习策略，从而提升该生学习效果的机制。该系统在运作期间还会通过实时信息追踪、分析研判学生的知识掌握情况和学习专注程度来进行学习模式的自动调整。

尽管智能辅导系统已被证明可以有效帮助教授代数、语法、化学等科目，达到媲美传统课堂教学的效果，但该系统的应用也存在以下一些潜在问题：首先，创建这一系统既困难又费力，其主要原因在于教授计算机掌握教学能力的过程十分漫长。其次，智能导学系统的应用还会减少师生之间在现实中的交流，仅关注智能系统对学生表现提供的分析，可能会令教师忽略学生存在的其他潜在问题。对此，研究人员在2020年开发了一种快速构建智能辅导系统的人工智能新技术，经过该方法教授的计算系统在掌握所学的方式后即可投入应用方案的解决，如果出现错误结果，人类可以及时对其进行修复。该系统还能通过概括总结所掌握的知识举一反三，将该种解决方式应用到其他相关问题之上。基于此功能，构建智能辅导系统的速度大幅度提升。由于教授该智能系统可以通过免费工具进行，因此这种方法还可以让教师有机会亲自构建智能化课程，不仅有助于提高智能辅导系统的采用率，还可以让教师在构建系统时能够深入了解学生的情况，及时识别学生存在的学习困难。

此外，虽然目前已有多个商业智能导学系统在全球范围内被使用，但是仍然缺乏强有力的证据来证明这些系统真的具有卓越成效。基于此，政策制订者和研究者应该就智能导学系统的使用开展测试与调研，并且应该探寻如何在发挥教师传统教学育人功效的同时能最大化地利用智能导学系统激发学生的学习兴趣与潜力。

二、以教师为主的人工智能应用

对教师而言，人工智能对教育的赋能作用主要体现在提高教学水平和提供教学辅助以减少教师重复性工作量这两个方面。在提高教学水平方面，人工智能技术在教育领域中的应用将帮助缓解教育水平发展不均的现状，弥合发达地区与欠发达地区之间的教育鸿沟，使发展落后地区的学生可以获得更多接受高质量和前沿教育的机会，以及弥补偏远地区教师数量与能力的短缺。此外，通过收集教学信息、学生日常学习表现、学生考试成绩等数据并进行智能分析，还可以提前帮助教师预判学生的学习情况，及时为学生提供教学辅导。

在提供教学辅助以解放教师方面，人工智能技术的应用可以提高教师的教学效率，帮助教师更快、更好地完成教学任务。人工智能还可以将教师从批改作业、反复回答简单问题等重复性的低技能任务中解放出来，让教师可以更专注于高技能任务（如研究教育教学方法的革新，为学生提供升学和就业指导，为学生提供基础心理健康咨询）。

三、以学校/系统为主的人工智能应用

面向学校或系统的人工智能主要是针对促进学校各个方面行政管理的自动化转型而设计的。将学校软件（教务管理系统）和硬件（各类设备、设施）与人工智能技术相结合，不仅可以革新校园的管理方式，提高学校行政管理工作的效率，例如运用智能办公系统进行排课和考勤监督；还可以提升学校的安全等级，例如智能化安保巡逻系统和智能化出入校核查系统可以及时预警异常行为，提前规避安全隐患，加强校园整体安全。人工智能技术对学校/系统的赋能还可以帮助学校打造数字化形象，助力校园招生。此外，数字校园的构建还可以助力拥有多个校区的学校整合和共享教育资源，促进创新与互动。

事实上，人工智能对教育产生的影响远远不仅只涉及对学生自身能力的提升、对教师教学负担的缓解、对学校行政管理的革新三个重点方面。针对当前家长工作负担重、工作时间长、普遍无暇追踪孩子日常学习状态、无力辅导孩子家庭作业的情况，人工智能教育系统可以帮助家长及时获悉孩子的学习进展，并帮助提供家庭辅导，以及为追求个性化教育的家庭提供定制教育的机会。

◇ 第三节　人工智能在视觉艺术领域中的应用

基于人工智能技术的成熟和艺术家对新媒介的需求，以人工智能技术为创作手段的视觉艺术现象频繁出现。虽然在不同的案例中具体参与方式有差别，但其中仍然可以摸索到一些规律。当下人工智能技术参与视觉艺术的方式以作为图像输出的“制造者”、作为行

为表演的“参与者”为主。

作为图像输出的“制造者”是指人工智能程序直接生成数字图像，AI 扮演图像制造者的角色，数字图像即为作品，展示方式有两种：一是直接以显示屏展示数字图像；二是数字图像打印于画布等载体上。这类作品不仅仅有静态图像，动态图像也包括其中，它们都由算法直接生成。作为行为表演的“参与者”是指人工智能载体参与艺术现场并且作为作品的一部分伴随整个过程，AI 扮演参与者的角色，这类作品不再强调人工智能输出了什么，过程才是作品着重强调的。其中有人与机器合作的行为艺术，也有机器单独的表演。作品不再局限于平面，艺术家不再试图让人工智能程序模仿传统绘画。

一、人工智能作为图像输出的“制造者”

（一）静态图像的输出

从人工智能输出的图像类型来看，静态图像占很大比例，这类图像大多是人工智能程序模仿传统绘画得到的结果。艺术家通过对 AI 程序参数的设定从而使输出的图像偏向自己想要的风格。

从作品形成的表面过程来看，人工智能程序确实是静态图像的“创造者”。然而实际情况并不如此。以 Adobe Photoshop（简称“PS”，由 Adobe Systems 开发和发行的图像处理软件）这类型应用程序为例，PS 是被认为一种工具来协助人创作图像的，似乎从未听到过 PS 在图像生成过程中是否扮演“创造者”的争议。那是因为 PS 在图像生成的每一环节中人的参与都被暴露于表面，人们需要手动控制 PS 程序的具体功能来一步步输出想要的图像。而人工智能技术却把图像生成实践中人的参与“隐藏”了，因为在人工智能语境中，人为每一步都写好了代码，代码在计算机内部的工作使我们产生了人工智能程序“创造”了图像的错觉。

另外，由于此类作品的展示方式大多以数码图像直接示人，从输入、制作再到展示都在计算机内部进行，在一定程度上对判断算法是否具有创造力造成干扰。所以，人工智能程序作为静态图像的“制造者”更为贴切。

（二）动态图像的输出

相比于静态图像，动态图像更像是把图像生成的过程展示出来。这种类型的作品通常需要电子屏幕帮助实现，通过多组图像的变换带给观众新颖的体验。

基于 GAN 算法①生成的作品较为模糊，可以看到画面从具象到抽象的具体演化过程，此过程也是算法“数”的逻辑的视觉化呈现，即生成器为了“欺骗”判别器从而生成模糊抽象的图像。这种逻辑与美术史发展的逻辑类似，艺术家为了寻求新的可能，摒弃 20 世纪之前有具体形象、明暗透视等固定范式的艺术，从而探寻基于新的逻辑和形式的艺术，抽象艺术便是其中之一。如果人们在意的是人工智能程序输出的结果，其实意义并不大，它更像是一场科学实验，但如果在意的是图像形成的过程，它完全就是概念艺术而不是传统绘画。

二、人工智能作为行为表演的“参与者”

（一）人机协作

人工智能技术介入视觉艺术不仅仅局限于输出平面图像这一种方式，在行为艺术等这类注重过程的视觉艺术中同样有 AI 的身影。在此类艺术作品中，有一部以人工智能装置配合人类的形式出现，通过人与机器的互动使观众更直接地感受到肉体与金属的接触。

（二）机器绘画表演

在机器单独进行绘画表演类型的作品中，人类从台前走到幕后，机器人在台上“疯狂”作画，人则以一种旁观者的角度去审视自己创造的作品。

机器装置单独表演的作品不在少数，例如在一个四面封闭的场地内铺上画布，机器人在画布上展开工作，观者可以看到它的整个创作过程，最终机器人完成的图像以架上绘画的展示方式展出，整个过程完全由机器人单独表演，人只是在换笔、充电时出现。机器人在场地内随意移动，当感知到一定阈值时，即存在一定数量的颜色于画布之时，它们通过提高或放下笔来感知它传递的颜色并做出反应。所以，当绘画行为开始后，很快随机性就会被产生图案和颜色的反应模式所取代。至于绘画什么时候停止，主要取决于一种负面反馈，即当画面颜色密度达到一定数值时，机器人便会停止工作。此类机器人群的灵感主要来自蚂蚁，蚂蚁通过化学信息相互沟通，信息素促使蚂蚁产生某些集体行为模式。作者用颜色代替信息素，通过这种方式让成群的机器人创造了无法预测的独特绘画。以人的视角来看，画面最终形成了一幅颜色不同、疏密随机变化的抽象作品。

---

① GAN 是一种生成任务算法，由 Ian Goodfellow，Yoshua Bengio 等人在 2014 年提出，GAN 是指“adversarial training is the coolest thing since sliced bread”。它使用两个神经网络，将一个神经网络与另一个神经网络进行对抗，通过 GAN 生成足以以假乱真的图像，GAN 被广泛地应用在图像生成、语音生成等场景中。

在机器人表演的艺术现场中，很难定义作品具体以什么艺术形态出现，它往往是多种艺术形态综合产生的结果，艺术作品被分类为绘画、雕塑、书法等这种概念在基于人工智能技术的机器表演作品中已不适用。

第六章 大数据与人工智能的实践应用

第一节 大数据与人工智能在房地产行业中的应用

近年来，大数据和人工智能技术的快速发展，正在深度影响着各行各业，而房地产行业也不例外。大数据可以提供丰富的市场信息，帮助企业做出更准确的决策。人工智能则可以通过自动化和优化业务流程，提高企业的运营效率。所以探讨大数据和人工智能在房地产行业中的应用，并分析其未来发展，具有重要的理论和实践意义。

一、大数据与人工智能在房地产行业中的应用

（一）大数据在房地产行业中的应用

在信息化日益发达的当今社会，大数据技术的应用为各行各业带来了深远影响，房地产市场研究也不例外。

1. 市场研究

大数据以其强大的信息收集、处理和分析能力，显著优化了房地产市场的研究方式。

传统的房地产市场研究依赖人力收集和整理数据，其信息覆盖面狭窄且更新不及时，而大数据技术的应用则将这一现状彻底改变。借助大数据能够迅速收集、整理和分析大量房地产相关数据，包括但不限于房屋销售价格、地理位置、户型、装修情况、交易量、挂牌天数、客户搜索行为等。

大数据能够深入理解市场需求、价格趋势、供应情况等关键因素，从而作出更加精准的市场分析。例如，通过对历年房价数据的分析可以预测未来的市场走势；通过分析客户的搜索和点击行为可以了解市场的实时需求变化；通过对宏观经济数据的分析可以掌握经济周期对房地产市场的影响。

大数据在房地产市场研究中的应用，能够更全面、更深入、更准确地了解市场情况，

以更好地服务于房地产行业的决策制订和市场运营。大数据的应用也带来了新的挑战，如数据安全、隐私保护等问题，需要在推进大数据应用的同时，注重建立相应的法规和标准，以保障数据的安全和公正使用。

2. 客户行为分析

随着互联网技术的发展，消费者的购房行为也越来越多地转移到了线上。大数据技术能收集和分析客户在线上的各种行为数据，包括搜索行为、点击行为、浏览时间、预约看房次数等，以揭示客户的需求和偏好。

客户行为数据的收集和分析，能够帮助房地产企业了解客户的购房需求和购房过程中的行为模式，从而为客户提供更加个性化和精准的服务。

通过大数据分析，可以从宏观和微观两个层面来理解客户行为：从宏观层面，可以了解整个市场的需求变化和趋势，为房地产企业的战略决策提供支持；从微观层面，可以了解个别客户的行为模式和偏好，为提供个性化服务提供依据。尽管大数据在客户行为分析中有着巨大的价值，但也应该尊重客户的隐私权，合法、合规地收集和使用数据。所以房地产企业在利用大数据进行客户行为分析时，应该注意遵守相关的数据保护法律和规定。

3. 风险管理

在房地产行业中，风险无处不在，如市场风险、信贷风险、投资风险、操作风险等。大数据技术，以其巨大的数据处理和分析能力，为风险管理带来了革新性的改变。

大数据可以帮助房地产企业实时监控和预测市场动态，从而及时发现市场风险。例如，通过收集和分析房地产市场的交易数据、经济指标等信息，企业可以了解市场的状况和趋势，预测可能的风险，如房价泡沫、市场萎缩等，并提前做出策略调整。

对于信贷风险，大数据可以帮助银行和其他贷款机构更准确地评估借款人的信用风险。传统的信贷风险评估通常依赖于借款人的信用历史，而这种方法对于没有信用历史的借款人来说是不公平的。现在银行可以使用大数据技术，通过分析借款人的消费行为、社交网络、工作情况等信息，对借款人的信用风险进行更全面和精准的评估。

大数据还可以帮助房地产企业管理投资风险和操作风险。通过对过去的投资数据和项目运营数据进行深度分析，企业可以了解哪些类型的项目、哪些地理位置的项目有更高的风险，以此来指导未来的投资决策。大数据也可以帮助企业发现和纠正操作中的错误和不规范之处，以减少操作风险。

（二）人工智能在房地产行业中的应用

随着技术的进步，AI 为房地产行业带来了新的机遇，也为其未来的发展开辟了新的道路。

1. 优化业务流程

在房地产行业中，业务流程的优化是提高工作效率、提升客户满意度、降低运营成本的关键。人工智能（AI）的应用，可以有效地优化房地产行业的业务流程，进一步推动行业的数字化转型。

AI 可以通过自动化处理烦琐的业务流程，提高工作效率。例如，通过自然语言处理（NLP）技术，AI 可以自动处理和回复客户的咨询问题，解放人力资源。再比如，通过机器学习技术，AI 可以自动识别和归类大量的房地产文档，提高信息处理的速度。AI 可以通过精准的预测和推荐，提升客户满意度并提供 24 小时的客户服务。例如，AI 可以根据客户的历史行为数据和需求特征，精准推荐符合其需求的房产信息。又如，AI 可以通过深度学习技术，预测房价走势，帮助客户做出更加科学的购房决策。AI 可以通过智能分析，帮助企业优化资源配置，降低运营成本。再如，AI 可以通过数据挖掘技术，发现房地产市场的规律和趋势，帮助企业科学调整投资策略。AI 还可以通过机器学习技术，分析房地产项目的风险因素，帮助企业优化风险管理策略。

2. 提高决策效率

在房地产行业中，无论是项目投资决策、市场营销策略制订，还是风险管理决策，都涉及大量复杂的信息处理和决策分析。传统的决策过程通常需要大量的时间和人力资源，而且可能受到个人经验和主观判断的影响，决策效率和准确性有待提高。人工智能（AI）以其强大的数据处理能力和智能分析能力，为提高房地产行业的决策效率提供了新的可能。

AI 可以帮助快速处理和分析大量的数据。例如，AI 可以通过深度学习技术，从海量的房地产市场数据中提取有用的特征，这些特征可以帮助企业更好地理解市场动态和消费者需求。

AI 可以通过机器学习技术，基于过去的数据，建立预测模型，这些模型可以帮助企业预测未来的市场趋势，从而做出更加有预见性的决策。

AI 可以帮助提高决策的准确性。在传统的决策过程中，决策者可能会受到一些认知偏误的影响，比如过度依赖个人经验，或者对某些信息的过度敏感等。AI 通过其算法的客观性，可以避免这些认知偏误的影响，从而提高决策的准确性。

AI 可以帮助提高决策的一致性。在某些情况下，不同的决策者可能会对同一问题有不同的判断，这可能会导致决策的不一致性，从而影响决策的有效性。AI 通过其算法的可复制性，可以确保在同一情况下，始终做出一致的决策，从而提高决策的一致性。

3. 创新服务模式

AI 还推动了房地产行业的服务模式创新。例如，虚拟现实（VR）和增强现实（AR）技术的发展，使得买家可以在家中进行虚拟看房，无论房子在地球上的哪个角落。此外 AI 还可以用于创建智能家居系统，使房地产开发商能够提供更加智能和便利的居住体验。

虽然 AI 带来了很多好处，但它也带来了一些挑战，如数据安全和隐私保护问题，以及技术更新和员工培训的需求等。考虑到 AI 带来的巨大潜力和优势，房地产行业应该积极拥抱 AI，克服这些挑战，以在激烈的市场竞争中保持竞争力。

二、大数据和人工智能的结合应用与发展

（一）大数据和人工智能的结合应用

大数据和人工智能（AI）的结合正在为房地产行业带来深远的影响。大数据提供了用于训练 AI 模型的丰富数据源，而 AI 的分析和预测能力则使大数据发挥出更大的价值。大数据和 AI 的结合使得房地产行业能够更准确地分析市场趋势、预测风险、优化服务，从而提高业务效率和客户满意度，见表 6-1。

表 6-1　大数据和 AI 在房地产行业中的结合应用

应用场景	大数据的作用	AI 的作用	结合的效果
市场预测	收集和提供大量的历史交易数据、市场数据等	通过机器学习算法分析数据，预测市场趋势和风险	提高市场预测的准确性，帮助企业和投资者做出更好的决策
客户服务	收集和提供客户行为数据、反馈数据等	利用自然语言处理、图像识别等技术提供个性化服务	提高客户服务的效率和满意度，提升品牌形象和客户忠诚度
风险管理	提供大量的交易数据、信贷数据、运营数据等	通过机器学习算法分析数据，预测风险和异常	提高风险管理的准确性和效率，降低企业运营的风险

大数据和 AI 的结合在房地产行业中的应用还在不断发展和深化。未来可以预期到更多的创新应用，如使用 AI 进行自动化的房地产估值，使用大数据和 AI 进行智能化的城市规划等。同时，大数据和 AI 的结合也带来了一些挑战，如数据安全和隐私问题，以及 AI 模型的可解释性问题等。对于房地产行业来说，如何有效利用大数据和 AI，同时克服这些挑战，将是未来发展的关键。

（二）大数据与人工智能的未来发展

随着大数据和人工智能技术的持续发展以及其在房地产行业的广泛应用，可以预见，未来房地产行业将进一步发掘这两种技术的潜力。表 6-2 展示了大数据和人工智能在房地产行业未来发展的几个可能的方向。

表 6-2　大数据和 AI 在房地产行业未来发展的方向和挑战

发展方向	可能的应用	潜在的挑战
预测模型的进一步化	预测房价变化趋势，预测市场动态，预测客户需求等	处理的数据量持续增大，优化的算法复杂度持续提高
服务个性化和智能化	定制化的房源推荐，智能化的房屋评估等	提供真正满足客户的个性化服务，保证 AI 服务的质量
风险管理的精细化	预测不良贷款风险，实时监控业务风险，预警风险等	精确处理和分析大量的数据，设计有效的风险预警机制

表 6-2 显示，大数据和人工智能将在未来的房地产行业发展中扮演更加重要的角色。然而这些应用未来将面临处理大量数据和复杂算法的挑战，以及如何保证真正满足客户需求和确保 AI 服务质量的问题。

◇第二节　大数据与人工智能在数字营销中的应用

随着社会经济的发展，企业的营销工作变得更加重要，且企业的营销活动开始朝着创新性发展的方向前进，而传统的营销模式存在弊端，已经无法满足企业的发展需求。因此，实现数字营销成为当前很多企业需要落实的工作。目前，我国已进入互联网时代，企业可以融入互联网背景，加强对人工智能和大数据技术的应用，创新营销方式，构建数字营销新模式，充分发挥数字营销的商业价值，提升企业的营销效率，为促进企业创新发展奠定扎实的基础。“当前，人工智能、大数据等智能化技术正如火如荼地发展，各种应用场景也在逐步落地，将大数据和人工智能技术运用到数字营销中已成为该行业发展的重中之重，并已经成为一种共识，且越来越普及。”

人工智能和大数据技术在数字营销中的应用措施，具体如下。

一、转变观念，树立正确的商业价值和商业理念

随着社会的发展，人工智能和大数据技术在企业营销中应用更加普遍，同时推动了数

字营销时代的到来。企业管理者应该紧跟时代发展趋势，提高对人工智能和大数据技术的重视程度，树立正确的商业价值和商业理念，使人工智能和大数据技术在数字营销中得到充分应用，提高数字营销水平，为企业发展创造更大的价值和财富。

首先，企业应该打造数字化文化。通过研究可以发现，数字化文化是企业不可或缺的重要组成部分，可以从不同的方面影响企业，对企业管理者的价值观念形成等都会产生巨大的影响。因此，企业应该打造数字化企业文化，为人工智能和大数据技术在数字营销中的应用奠定良好的环境和氛围基础。例如，企业可以积极鼓励和发现企业中应用人工智能和大数据技术良好的部门或者人员，加强对部门人员的宣传和表扬，树立企业榜样形象，能够促进企业形成有序的数字企业文化。

其次，企业应该加强宣传工作。例如，企业管理者可以利用现代化信息技术和多媒体传播途径，将人工智能和大数据技术在数字营销中应用的重要性以不同的形式呈现给企业人员。

最后，企业管理者应该转变观念，创新理念，真正融入数据化时代，从而改变传统的营销方式。借助人工智能与大数据技术使传统营销呈现新的特点，实现数字营销，提升企业营销水平。观念转变是一个漫长的过程，因此，企业管理者需要树立长效思维，只有在日常的工作和管理中做好观念引导和价值引导工作，才能够使营销人员认识数字营销的积极意义，进而落实数字营销。

二、借助人工智能和大数据，实现智能营销定位

通过对企业营销市场进行分析可以发现，大多数企业在营销过程中会有一些营销的数据信息。如果能够充分了解这些营销信息的特点，掌握市场营销数据，能够为企业开展营销工作提供数据支持。但是，这些数据信息过于复杂，如果采用传统的模式开展营销工作，往往不能对数据信息进行更加准确的把握。因此，企业管理者和员工可以利用人工智能和大数据技术对当前市场进行定位。例如，企业可以利用计算机等软件统计并分析用户的消费习惯和品牌偏好，了解用户的实际产品需求，为企业广告宣传提供方向。

另外，人工智能技术能够根据消费者搜索的内容、点击频率、次数对按点击付费的广告优化实施出价流程，可以实时监控消费者的消费动态，也可以挖掘市场中的潜在客户，从而扩大企业的营销市场规模。要想提高企业生产总值和销量，在今后的企业建设和发展中应该立足智能营销定位，加强对人工智能和大数据技术的应用，促进现代化信息技术可以作用于企业传统的营销工作，并推动数字营销发展。

三、利用人工智能和大数据技术，实现智能销售

在互联网时代，越来越多的信息技术开始取代传统的人力资源。例如，在企业销售工作中，人工智能客服已经逐渐取代传统的人工客服，节省了企业在营销过程中的成本投入，提高了企业的销售服务质量。而人工智能客服是建立在人工智能技术发展的基础上，能够有效代替人工接打电话等。因此，企业在数字营销中应该借助人工智能和大数据技术实现智能销售，将人工智能技术代替传统的人力资源，为客户提供更加优质的服务，同时可以根据消费者的消费需求和喜好等为其提供针对性服务，提高消费者对服务的满意度，建立更加广泛的用户基础，增加企业的销售额。

四、利用人工智能和大数据，实现营销产品优化

随着社会的发展，企业之间的竞争更加激烈，同时对产品的功能要求更加全面。为此，在互联网时代下，企业可以利用人工智能和大数据技术实现营销产品功能的优化，使产品功能更加满足消费者的需求，进而建立广泛的用户基础，打开企业营销市场，最大限度地满足消费者的购买需求。

首先，企业应该加强对消费者需求的分析。不同的消费者对产品功能有不同的要求，就需要企业在互联网时代充分借助人工智能和大数据技术对消费者的需求进行调查，了解不同消费者对产品性能和功能等的要求，建立消费者营销产品需求档案，依照消费者的需求锁定企业发展目标，明确营销产品功能，为后续产品优化提供条件。

其次，企业应该借助人工智能和大数据技术优化营销产品功能。通过对消费者需求的分析，企业掌握了消费者对产品功能的基本要求。

再次，企业应该加强对人工智能和大数据技术的应用，利用信息技术学习国内外优秀的营销产品功能设计方案，并结合企业的实际情况优化升级营销产品的各项功能，使产品功能更加满足该地区消费者的消费需求，实现营销产品的功能创新。

最后，企业需要利用人工智能和大数据技术实现对产品功能的评价。例如，企业可以利用人工智能和大数据技术对当前企业产品功能的优化过程进行评价，设定评价目标。再如，企业管理者可以将产品功能优化的流程和功能实现作为主要评价指标，考核企业营销人员利用人工智能和大数据技术对产品功能优化的水平，并将考核结果和企业员工的薪酬待遇、实际收入相结合。

五、利用人工智能和大数据技术，改善用户体验

目前，用户越来越关注自身的消费服务体验。如果用户在消费中对消费行为或者企业

的品牌服务缺乏良好的体验，往往会影响企业的发展。因此，在大数据时代，企业应该借助人工智能和大数据技术改善用户体验，使更多的用户可以在消费行为中获得更多的满足感。例如，以汽车销售为例，企业管理者可以借助人工智能和大数据技术收集企业汽车各个零件在运行中的数据信息，了解企业汽车在运行中存在的问题。当车主在使用车辆过程中出现问题时，可以及时反馈给车主，能够帮助车主在行驶中掌握汽车的运行状态和情况，同时对汽车的不良状况进行维修和调整，从而保障车主的生命安全。

改善用户体验是企业在数字营销中需要密切关注的问题，而人工智能和大数据技术很好关注了用户的需求和对产品的体验，因此，企业有必要加强对现代技术的应用，使用户能够在消费中感受企业的服务和企业文化。用户是企业发展的关键，尤其在日趋激烈的竞争中，企业需要关注用户的体验，而人工智能和大数据技术为分析用户和了解用户提供帮助，需要企业管理者充分发挥技术优势，了解用户需求和体验，为用户提供更好的服务。

六、利用人工智能和大数据，实现品牌危机监测

在互联网时代，越来越多的企业平台开始受互联网市场的干扰，同时部分企业品牌产品面临着前所未有的风险。如果企业不能有效监测这些品牌产品的危机，将会给企业的发展埋下安全隐患。因此，企业管理者可以充分发挥人工智能和大数据基础的优势，及时跟踪和预警产品的相关信息，同时根据消费者对管理品牌产品的需求和观点，使企业能够维护自身的品牌产品形象，让更多的消费者依赖品牌产品，促进企业的可持续发展。

企业在利用人工智能和大数据技术监测品牌产品的危机时，应该树立危机意识，认识互联网时代企业品牌产品存在的风险和隐患，在日后的管理工作中加强对品牌产品危机的分析，将品牌产品危机控制在源头，提高企业品牌产品的安全性。

◇ 第三节　大数据与人工智能在校园管理中的应用

对于高校教育来说，人工智能技术的出现，让“因材施教”的教学理念有了实现的机会，教育得以冲破种种阻碍，展示“个性化”教学，“培养什么人、怎样培养人、为谁培养人”成为教育者直面未来发展与教育变革必须解决的根本任务。“立德树人”体系也逐渐在人工智能技术的赋能下逐渐进行变革，如何在贯彻落实“立德树人”的基础上，培养出社会所需要的德智体美劳全面发展的人才，成为人工智能技术赋能高校教育改革的最终落脚点。

人工智能技术赋能高校多元化教学的对策。人工智能技术赋能就是利用大数据、深度学习等核心技术提高各个行业的质量与效能，从而更精准地服务于国家和社会的需要、促进人的全面发展。其本质是凭借人工智能技术的数字化、网络化、精准化能力，对教育教学主体的能力进行拓展延伸与提升，并且提高教育质量、增强教育教学的效率与效度，为学生们的全面发展提供内生性驱动力量与技术层面的支持。

一、利用大数据推进高校多元化教学的体系改革

（一）树立数据化理念，变革多元化教学育人观念

树立数据化理念，强调对大学生们的行为数据进行处理分析，以此更全面地了解大学生们的发展，所以，数据化理念并不与人文性关怀保持对立。“数据”只是没有感情的存在，但它们身上却承载着实现高校多元化教学的部分实现，数据的使用者也是肩负高校多元化教学任务完成的理性教育者，教育者们对事物可以客观、理性地看待而不完全被数据左右，只不过透过数据人们可以获得更加真实和详细的信息。因此，树立数据化理念应成为人工智能技术赋能高校多元化教学背景下所坚持的新理念，这样才能把握住人工智能时代的发展机遇。

（二）运用大数据方法，创新多元化教学育人模式

大学生们的浏览记录、注册登录信息、发表意见的评论全部都被互联网、智能终端、云存储等技术保留下来，并在各个系统应用中留下了丰富的数据信息。数据是对大学生进行多元化教学工作的关键资源，通过对大学生们在网络和设备上留下的数据足迹进行追踪和挖掘，然后将这些数据信息进行智能化处理，获取数据信息之间隐藏的关联与规律，从而更准确地判断大学生们的思维方式、思想观念与行为展现、个性爱好等。只有这样，才能更加全面、精准地认识大学生们的思想行为，改善与创新适合大学生个人发展需求的育人模式，及时发现其中存在的问题并加以解决和改进，有助于高校多元化教学打造精准、积极的个性化育人模式。

（三）提升大数据素养，丰富多元化教学育人内容

培养大学生们养成良好的大数据素养，必须紧紧围绕多元化教学的这个核心，在培养大学生们坚守良好道德的基础上，唤醒人们的美好追求，展现出这个时代所需要的精神面貌与伟大使命，以此更好地适应人工智能时代的到来。一方面，教育者应在育人内容中教

会学习者如何灵活运用及选择丰富的网络学习资源与数据，在智能时代下更好地生存与发展应具备哪些能力，怎样规划自己的职业生涯与长远目标，如何拥有突出的思维创新能力和实践能力；另一方面，增添可以提升大学生思维能力的育人内容，锻炼大学生们对数据的分析与应用能力，制订科学的育人方案，让大学生们自己发现并整理数据下隐藏的规律，结合这些规律和自我认知总结出具有条理的结果。

二、应用深度学习技术赋予学生自主学习的自由

数据挖掘技术精准判断大学生全面发展的需要。区别于描述数据本身存在的显性状态的大数据技术，深度学习技术则描述数据内存在的逻辑。数据挖掘技术通过把握教育对象的思想行为变化、情绪波动、发展需求等多方面的信息，有针对性地制订教育内容，为学习者们提供精确、个性化的指导，让受教育者们得到全方面发展。其核心应用在于对数据进行加工处理，以此全面了解教育对象，而教育者们也可以根据信息反馈出的结果选择适合学生们的育人方法；其重点在于深层挖掘数据，将反映学生个性的数据进行整合和科学分析，筛选出适宜学生学习的内容，让学生学习的知识尽可能形象化和具体化，让课程呈现形式具有立体化和生动化，提升学生的学习兴趣，以此形成良性循环，满足学生全面发展的需要。

（一）自适应学习提升学生的主体参与感

自适应学习是指通过激发教育对象的自我效能感，激励学习者们对学习内容的理解、思考、实践运用、建构，从“学会”转向“会学”这样一个质的飞跃，学习主体以往被动的学习方式逐渐向积极主动转变，其主体参与在整个良性循环中不断提升。自适应学习技术传达给学生的育人理念是“在这门课程学习中还存在着一些不足，请自主学习相关课程知识以满足自己的需要，提升自己的知识素养，等你完全掌握后再参与测试，以此检验对学习内容的掌握情况”。这样的学习系统将育人内容、测试方法、智能技术进行有机统一，注重以学生为中心、强调学生们的体验感，这与高校多元化教学的核心“树人”并注重对学生的培育，具有异曲同工之意，促使学生们在清晰明确的指导下快速实现自己的学习目标，学生们参与智能技术设定的学习与检测中的积极性与主动性增强。

（二）智能识别为学生提供个性化学习服务

智能识别技术针对学生在学习过程中掌握的图像、文本、视频等数据，精准识别学生们的认知情况、情感状态、行为习惯等并进行刻画。未来的立德树人育人过程中，智能识

别技术致力于协助教育实现一种个性化学习的模式，推进高校立德树人实现“因材施教”的教育理念。

一方面，智能识别技术可以对学习者们开展精准分析，绘制学习者的准确图像，对他们的学习需求、个人特点进行描绘，制订符合学习主体的学习方法，将他们的学习状况可视化。学生们通过时刻掌握与关注自己的学习动态并通过数据分析准确地获得自己的学习情况与平均水平间存在的差异，以此对自己的学习路径做出调整，提高学习效率。另一方面，智能识别技术可以对网络教学的情况进行规整与分类，掌握学习者的学习规律，引导教育者对教学内容进行改进，为学生们提供与他们的学习能力、个人兴趣相符合的学习内容，带给他们全新的学习体验。

参考文献

[1] 董晓明. 大数据医疗系统交互界面设计 [J]. 中国新通信, 2020, 22 (1): 49.

[2] 何美斌, 胡精英. 基于 Hadoop 的电信大数据平台能力开放策略研究 [J]. 电脑编程技巧与维护, 2016 (21): 64-65.

[3] 胡娟. 大数据时代企业财务管理创新研究 [J]. 商场现代化, 2023 (14): 180-182.

[4] 黄昊, 尤海峰, 庄倩倩. 人工智能与金融决策 [J]. 人工智能, 2023 (2): 1-17.

[5] 黄顺富, 尚志会, 谢小芳, 等. 大数据医疗的应用与分析 [J]. 计算机时代, 2019 (8): 1-3.

[6] 姜欢. 大数据医疗的发展现状及未来展望 [J]. 电子元器件与信息技术, 2020, 4 (7): 77-78.

[7] 李昌华, 张学龄, 杜小芸, 等. 基于卷积神经网络的井漏预测 [J]. 实验室研究与探索, 2023, 42 (5): 102-106, 142.

[8] 李大中, 刘剑, 邓景文. 大数据能力开放平台创新和发展 [J]. 大数据, 2017 (1): 72-79.

[9] 李睿晶, 房超, 陈凯. 新时代我国人工智能发展回顾与展望 [J]. 科技智囊, 2023 (1): 14-21.

[10] 李艳. 大数据教育应用且行且思 [J]. 中小学信息技术教育, 2014 (4): 30-32.

[11] 李颖, 王奇强. 分布式人工智能技术在视觉信息处理中的应用 [J]. 数字通信世界, 2019 (10): 182.

[12] 林锦妍. 基于 SECI 的大数据财务管理教学改革探究 [J]. 神州, 2019 (34): 162.

[13] 刘曼齐. 有关大数据平台的数据安全技术能力体系建设 [J]. 数字技术与应用, 2022, 40 (4): 223-225.

[14] 卢弘杰. 大数据可视化与可视分析 [J]. 电脑知识与技术, 2021, 17 (8): 27-29.

[15] 马艳. 大数据时代企业财务管理信息化问题及对策研究 [J]. 中国集体经济, 2023 (6): 116-119.

[16] 苗泽一. 大数据医疗的应用风险与法律规制研究 [J]. 东南大学学报 (哲学社会科学版), 2019, 21 (5): 87-95.

[17] 潘晓华. 大数据视域下企业财务管理的创新探析 [J]. 中国集体经济，2023（3）：139-142.

[18] 任夏荔. 基于 Python+PyEcharts 的数据可视化应用 [J]. 山西电子技术，2023（1）：83-86.

[19] 孙昊，郑建明. 卷积神经网络在矿石识别中的应用 [J]. 福建电脑，2023，39（1）：31-34.

[20] 唐彬，卢艳秋，叶英平. 大数据能力视角下平台企业知识创造模型研究 [J]. 情报理论与实践，2020，43（7）：123-129.

[21] 唐彬，卢艳秋，赵彬. 跨界搜寻与大数据能力协同作用下平台企业商业模式创新研究 [J]. 图书情报工作，2020，64（5）：124-132.

[22] 唐汉卫，张姜坤. 大数据教育应用的限度 [J]. 华东师范大学学报（教育科学版），2020，38（10）：60-68.

[23] 滕依杉，李曼，赵阳光，等. 人工智能医疗器械产业发展现状分析 [J]. 保健医学研究与实践，2023，20（5）：151-156.

[24] 万智康，乐文波，曹哲，等. 基于卷积神经网络的球鞋鉴定方法 [J]. 长江信息通信，2023，36（2）：16-19.

[25] 王楠. 基于 SCA 的大数据能力快速搭建云平台 [J]. 数字化用户，2019，25（30）：80，83.

[26] 王旭. 大数据医疗时代的人工智能与隐私保护 [J]. 电子产品世界，2019，26（6）：79-81.

[27] 肖斌，薛丽敏，李照顺. 对人工智能发展新方向的思考 [J]. 信息技术，2009，33（12）：166-168.

[28] 严思静. 大数据教育应用前景分析及对策 [J]. 电脑与电信，2017（3）：19-21.

[29] 袁白云. 大数据时代的企业财务管理研究 [J]. 财会学习，2023（1）：14-16.

[30] 张黄慧. 人工智能时代云计算信息处理技术研究 [J]. 科技传播，2020（4）：111-112.

[31] 张世瑛. 大数据平台基础能力和性能诊断分析 [J]. 区域治理，2019（29）：54-56.

[32] 赵春昊，陈敏刚，徐斯颖，等. 自然语言处理系统测评及标准化研究 [J]. 信息技术与标准化，2023（10）：48-56，63.

[33] 周雪红. 大数据教育评价：让大规模因材施教成为可能 [J]. 小学教学研究（教学版），2022（10）：74-75，82.

[34] 朱梦珍，尚斌，荣爽，等. 人工智能发展历程及与可靠性融合发展研究 [J]. 电子

产品可靠性与环境试验，2023，41（4）：1-6.
[35] 邹凯华. 计算机信息技术对人工智能发展的探讨 [J]. 现代工业经济和信息化，2022，12（10）：77-79.

[illegible]，2023，4（5）：1-6.
35. [illegible]，现代工业经济和信息化，2022，12（10）：72-79.